猫を救うのは誰か

ペットビジネスの「奴隷」たち

太田匡彦

朝日文庫

本書は二〇一九年十一月、小社より刊行された『「奴隷」になった犬、そして猫』を改題し、大幅に加筆・修正したものです。

文庫版まえがき

いつの間にこうなったのか。気付けば猫は「買うもの」になりつつある。

動物愛護団体がいま一生懸命に野良猫を捕獲し、不妊・去勢手術を施し、元いた場所に戻す「TNR活動」を行っている。外で暮らす猫を徐々にでも減らし、殺処分されてしまう不幸な命が生まれるのを防ぐためだ。

外で暮らす猫をゼロにするのは遠い道のりだ。でも進んでいけば、確実に「殺処分ゼロ」に近づく。地域単位では、屋外で猫を見かけなくなったところも出てきた。

ただ、懸念がある。この活動が成果をあげていった先にある世界では、猫は「買わなければ手に入らないもの」になるかもしれない。

考えてみれば、犬がそうだった。かつて犬を飼おうという時、野良犬の子を拾ってくる、近所で生まれた雑種をもらってくる、というのが主流だった。ところがこの数十年ですっかり、ペットショップで純血種を買うのが当たり前になった。

狂犬病予防法があるから犬と猫で事情は異なる。それでも、ペットビジネスの犠牲になる猫がいまより格段に増えていくのではないか——。そんな不安をおぼえる。

「二種類の動物だけが、捕虜としてではなく人間の家庭に入りこんできて、強いられた奴隷の身分とは別の身分で家畜となった。イヌとネコである」

ノーベル生理学・医学賞を受けた動物行動学者コンラート・ローレンツ氏は著書『人イヌにあう』(訳：小原秀雄、原題：So kam der Mensch auf den Hund、初版：1949年)でそう記した。

確かに、現代において犬たち、猫たちは人間にとって「家族の一員」と言えるまでの存在になっている。だが一方で、同書の初版発行から年月を重ね、日本には「奴隷」の身分を強いられる犬、そして猫が存在するようになった。命の「大量生産」「大量消費(販売)」を前提とするペットビジネスの現場にいる犬、猫たちのことだ。

狭いケージに閉じ込められたまま生産設備として扱われ、その能力が衰えるまでひたすら繁殖させ続けられる犬、猫たち。物と同じように市場(いちば)で競りにかけられ、明るく照らされたショーケースに展示され、時に「不良在庫」として闇へと消えていく子犬、子猫たち。

繁殖から小売りまでの流通過程では、劣悪な飼育環境下に置かれるなどして毎年、少なくとも2万5千匹前後の命が失われている。

他方で、2022年度には全国の自治体で1万7241匹もの犬猫が殺処分された（環境省調べ、負傷動物を含む）。

ペットショップの店頭で子犬や子猫を眺めていても、犬や猫を迎えて一緒に暮らしていても、多くの人は、こうした「奴隷」の存在を意識することはないだろう。

犬や猫などのペットは間違いなくかわいい。かわいい犬や猫に接したり、動画を見たりしていると確かに癒やされる。だが、犬や猫の「かわいさ」だけを一方的に消費することは、命への無関心と表裏の関係にある。無関心は、かわいさの裏側にある、過酷な運命をたどらざるを得ない犬猫たちの存在から、目をそむけさせる。

結果として、ペットビジネスの現場で苦しむ犬、そして猫たちは救われることなく、その苦しみはそのまま次の世代にも受け継がれていく。

この状況に風穴をあけたい。そう思い、私は取材を続けてきた。その成果はこれまで朝日新聞やＡＥＲＡ、週刊朝日など様々な媒体で記事にしてきた。また、13年7月に文庫版の『犬を殺すのは誰か　ペット流通の闇』（朝日文庫）を、19年11月には単行本『「奴隷」になった犬、そして猫』をまとめた。それから約5年。この度、19年に出版した単行本を文庫化する機会をいただいた。

この間、ペットビジネスを巡って一つ大きな変化があった。犬猫の繁殖業者やペットショップの飼育環境を改善し、悪質業者を淘汰（とうた）する「切り札」になるとされる、「8週齢規制」と数値規制を盛り込んだ「飼養管理基準省令」が21年6月、施行され始めたのだ。

そこで文庫化にあたり、既存の章を大幅に改稿したうえで、新たに第5章「数値規制をめぐる闘い」と第6章「アニマル桃太郎事件から、5度目の法改正へ」を加筆した。また冒頭に書いたように、猫がペットビジネスの犠牲になるおそれが拡大していることから、第1章「猫ブームの裏側、猫『増産』が生む悲劇」を中心に猫に関する情報を手厚くした。あわせて、編集者のアドバイスに従ってタイトルそのものも変更した。

本書に登場する人物の所属先や肩書、年齢、団体・組織の名称、調査結果のデータなどはいずれも原則として取材当時のもの。なかには故人もいる。

遠くない将来、日本の犬猫たちを覆う「闇」が過去のものとなっていてほしい。ペットビジネスの現場にいる犬たち、猫たちが救われていてほしい。その願いを込めて、改めてこの本を世に送り出す。

猫を救うのは誰か　ペットビジネスの「奴隷」たち　目次

猫を救うのは誰か

ペットビジネスの「奴隷」たち

第1章

猫ブームの裏側、猫「増産」が生む悲劇

増え続けた猫とアンモニア臭

猫の保護活動をしている男性がその住宅を訪ねると、強いアンモニア臭がおそってきたという。

住宅内では、30匹以上の成猫と10匹ほどの子猫が、複数の部屋にわけて飼われていた。糞尿（ふんにょう）にまみれた床には、共食いの被害にあったと見られる子猫の頭部が一つ、転がっていた――。

関東地方北部の、住宅地と田畑が混在する地域に立つこの住宅で、60代の女性は2007年からある純血種の猫を繁殖させていた。

女性の自宅に近いターミナル駅で待ち合わせ、話を聞いた。

「命をお金に換えることに罪悪感はありました」

女性はそう告白し始めた。

たまたま入ったペットショップで、雌猫を衝動買いしたのが始まりだったという。1匹だと寂しいだろうと、同じ種類の雄猫を続けて買った。2匹とも不妊・去勢手術をしないまま飼っていると、翌年から次々と子猫が生まれ始めた。

飼いきれず、近所のペットショップに相談したら、子犬・子猫の卸売業者を紹介された。女性はこう振り返る。

「業者に『ぜひ出してくれ』と言われて、売り渡しました」

それから、生まれた子猫たちを次々と売るようになった。すべて近親交配だったため、卸売業者には1匹あたり1万～2万円程度に買いたたかれた。それでも年に3度のペースで繁殖させ、その都度あわせて20匹以上も産まれるので、それなりの収入にはなった。

ペットショップの店頭で、自分が繁殖させた子猫を見かけることもあった。

「1匹数万で売った猫が、ペットショップの店頭では十数万円で売られていた。店頭に並ぶ子猫の姿を見ると、胸が痛みました」

13年に入って体調を崩し、廃業せざるを得なくなった。でも猫たちは手元に残り、管理が行き届かないまま増え続けた。糞尿の片付けも追いつかず、自宅のなかは強いアンモニア臭が充満するようになった。

追い込まれ、最終的に動物愛護団体に助けを求めた。

「最大40匹くらい抱えてしまい、エサが足りなかったのか、成猫に食べられてしまう子猫もいました。猫たちはもちろん自分も家族も、誰も幸せにはなれませんでした。

せめて、買われていった子猫たちは幸せになっていると信じたいです」

女性は、後悔していると言いつつ、最後にこう付け加えた。

「でも、知人のブリーダーのなかには、公団住宅の1室に40匹くらい抱えていたり、6畳2間のマンションで繁殖させていたり、うちよりひどい状況のところもあるんですよ」

猫ブームと繰り返される過ち

ペットビジネスにおいて猫は、平成の半ばに入って存在感を増し始めた。

一般社団法人「ペットフード協会」の推計によると、2000年には771万8千匹だった猫の飼育数はじわじわと増え続け、14年に842万5千匹となってついに犬（820万匹）を逆転した。23年時点では犬が推計684万4千匹なのに対し、猫は推計906万9千匹に達している。

背景には、2000年代半ばから始まった猫ブームがある。

辰巳出版が発行する猫専門誌「猫びより」の宮田玲子編集長は、「00年代半ば以降、個人ブログ出身の人気猫などが登場し、猫の性格や動作が多くの人の共感を呼ぶようになった。SNS上などでは、犬よりも猫のほうが、より幅広い層からの共感を集める」と分析している。

ツイッター（現X）や動画投稿サイトなどが主流になっても、猫人気は継続。そこから発展して写真集、映画、CMに猫が次々と取り上げられた。「ネコノミクス」という造語も登場し、関西大学の宮本勝浩名誉教授（理論経済学）の試算によればその経済効果は24年、約2兆4941億円にのぼるという。21年の東京五輪・パラリンピックの経済効果は約6兆1442億円という試算だったから、猫が生み出す「富」の大きさがわかる。

ブームの恩恵を受けて、ペットショップも活況を呈する。週末の東京都内のペットショップに足を運んでみると、子猫の入ったショーケースの前には人だかりができていた。20万円台半ばから30万円台の子猫が目立つ。その猫種を見てみると、スコティッシュフォールドやアメリカンショートヘア……。

残念ながらこれは、いつかきた道だ。

振り返ってみれば、シベリアンハスキーやチワワがブームになった後、大量の捨て犬が社会問題になった。その背後には、繁殖に使われたたくさんの親犬たちの犠牲も存在する。

第2章で詳しく説明することになるが、「犬ビジネス」は平成に入って急速に成長した。犬でできあがった、

工場化した繁殖業者（ブリーダー）による大量生産

↓

ペットオークション（競り市）による量と品ぞろえを満たした安定的な供給

↓

流通・小売業者（ペットショップ）による大量販売

というビジネスモデルに、いきなり猫たちが乗せられてしまったのだ。

ついこの間まで拾ったり、もらったりするのが当たり前だった猫たちだったが、テレビCMなどがはやらせたスコティッシュフォールドなど一部の純血種の人気が高まり、次第にペットショップで購入するものになりつつある。

「8年でほぼ2倍」増える猫の流通量

ペットショップの店頭では、はやりの純血種の子猫がずらりと並ぶ様子が当たり前になっている。2016年のゴールデンウィークには、競り市での落札価格が例年の3～4倍まで高騰し、子犬より高値がつく子猫も出て、業界内で話題になった。

朝日新聞の調査では14年度以降、猫の流通量は前年度に比べ平均1割増のペースで増えてきた（21ページのグラフ参照）。全国の動物取扱業にかかわる事務を所管する地方自治体に対し、13年9月以降にペットショップや繁殖業者に提出が義務づけられた「犬猫等販売業者定期報告届出書」について集計値を調査し（各年度とも回収率100％）、合算した結果わかった。

この届出書では、それぞれの業者がその年度中に「販売もしくは引き渡した」犬猫の数や、「死亡の事実が生じた」犬猫の数を報告しなければいけないことになっている。繁殖業者がペットショップに出荷・販売した場合にも1匹としてカウントされるので、「延べ数」として見てほしいが、国内の犬猫流通量のトレンドとしては十分に実態を反映している。なお、自治体によっては一部業者から届出書を回収できていないので、実数としてはこれよりも大きくなる。

このような調査が可能になった14年度と22年度とを比べると、猫の年間流通量はこの8年で89％増、つまりはほぼ2倍になっていることがわかる。

猫の入手先としてペットショップが定着しつつあることは、ペットフード協会の調査からも見て取れる。年代が若いほど、もらったり拾ったりするのではなく、ペットショップで猫を買う人の割合が増える傾向にある。

ペットフード協会が毎年発表している「全国犬猫飼育実態調査」の23年分を見ると、20〜70代の全年代では、猫を「ペットショップで購入」したという人は15・9％で、「野良猫を拾った」（31・1％）や「友人／知人／親族からもらった」（20・6％）には及ばない。

だが30代では「ペットショップで購入」が21・7％まで増え、「野良猫を拾った」（27・5％）に迫り、「友人／知人／親族からもらった」（20・0％）を逆転している。「ペットショップで購入」する人は20代（19・0％）と40代（20・1％）でも全年代平均より高くなっている。なお20代では「友人／知人／親族からもらった」は11・1％にとどまった。

こうした変化は、ペットショップの販売現場でも、数字になって表れてきている。全国で約130店を展開する「ＡＨＢ」では15年度、犬の販売数が前年度比7％増だったのに対し、猫は同11％となった。ペットショップチェーン大手「コジマ」でもこの数年、前年比2割増のペースで猫の販売数が増えているという。

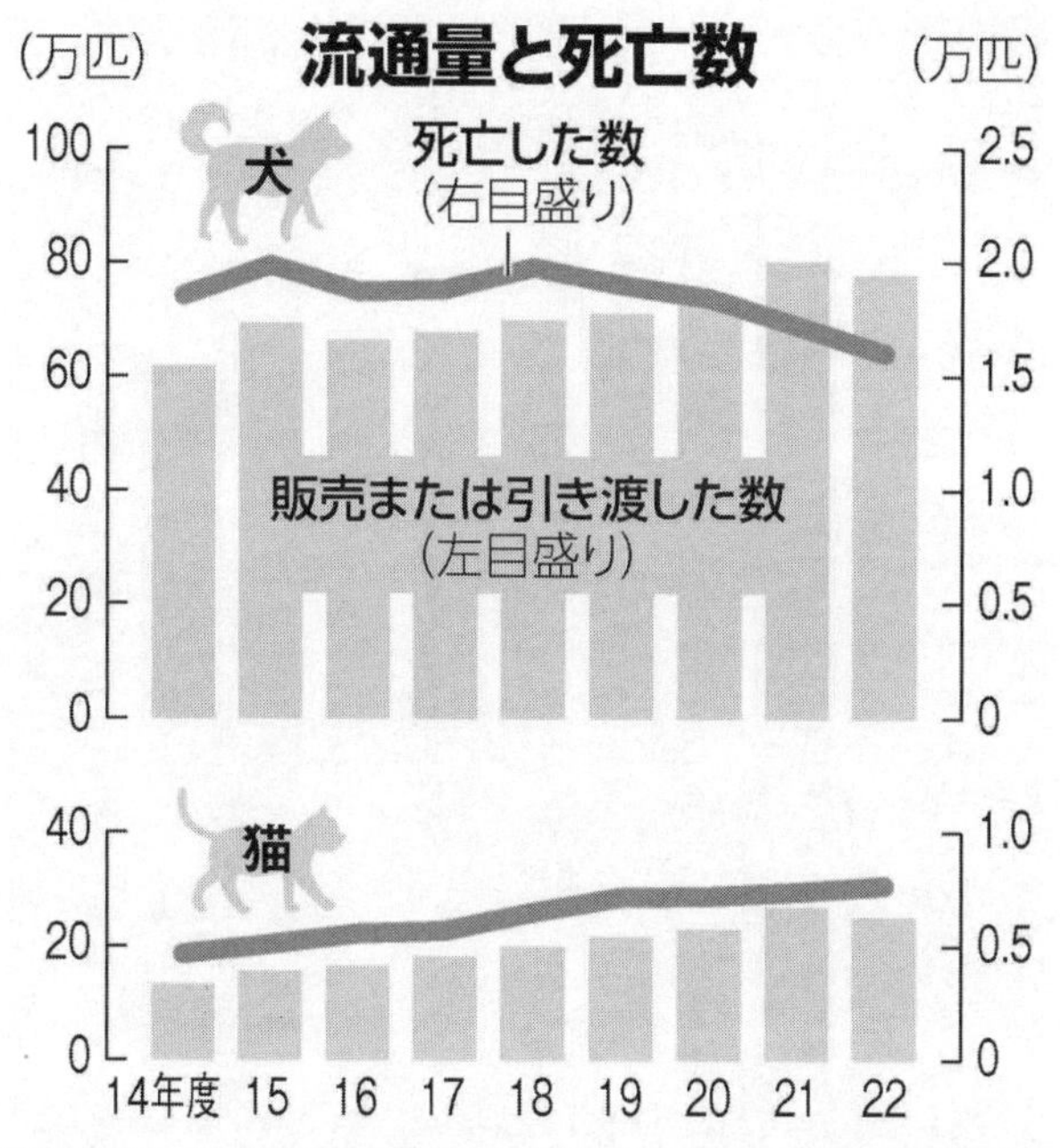

朝日新聞調べ。「犬猫等販売業者定期報告届出書」に関する事務を所管する全国の自治体（回答率100%）からその集計値について回答を得て作成。「販売または引き渡した数」は延べ数。「死亡した数」には原則、死産は含まれない

（グラフィック・近藤　祐）

18年に入ると、ペットショップにおける販売数の増加はさらに過熱。「猫は仕入れるとすぐに売れるため、地方都市まで回ってこない」（大手ペットショップチェーン従業員）という状況になり、この年のゴールデンウィーク前後には、猫の仕入れ値はさらに急騰したという。競り市では、子犬の落札価格を上回る子猫はもはや珍しくなくなった。

「増産態勢」――コントロールされる発情期

このように人気が過熱し、価格が高騰し、流通量が増えるということは、当然ながら生産量が増えることを意味する。

猫ブームの裏側で２０１０年代半ば以降、猫は完全に「増産態勢」に入っていた。

16年初夏、ある大手ペットショップチェーンが都内で開催した繁殖業者向けのシンポジウムを取材した。講師を務めた同社所属の獣医師は、集まった繁殖業者らを前にこんなふうに語りかけた。

「猫の販売シェアが年々増加しています。昨年は約18％でしたが、今年のゴールデンウィークには20％を超えました。猫のブリーダーの皆さまにはたいへんお世話になっております。本日は、猫の効率の良い繁殖をテーマに話をさせていただきます。犬の繁殖とは大きく異なりますので、よくお聞きください」

獣医師は様々なデータを用いながら、猫は日照時間が長くなると雌に発情期がくる「季節繁殖動物」であることなどを説明。そのうえで、繁殖用の雌猫に1日12時間以上照明をあてつづけることを推奨した。

「普通の蛍光灯で大丈夫です。長時間にわたって猫に光があたるよう飼育していただきたい。光のコントロールが非常に大切です。ぜひ、照明を1日12時間以上としていただきたいと思います。そうすれば1年を通じて繁殖するようになります。年に3回は出産させられます」

実は猫は「増産」が容易な動物なのだ。

この獣医師が言うとおり季節繁殖動物である猫は、日光や照明にあたる時間が1日8時間以下だと発情期がこず、一方で1日12時間以上照らされていると1年を通じて発情期がくる。だから日本で暮らす野良猫は、一般的に1月半ばから9月にかけて発情する。

つまり繁殖業者は、繁殖用の雌猫に1日12時間以上照明をあて続け、生まれた子猫をなるべく早めに出荷・販売すれば、年3回のペースで出産させることが可能になるのだ。

発情が周期的に、6～8カ月ごとにくる犬では、こうした「増産」は難しい。一般社団法人「日本小動物繁殖研究所」所長の筒井敏彦・日本獣医生命科学大学名誉教授（獣医繁殖学）はこう話す。

「積極的に子猫を産ませようと思うブリーダーがいれば、年3回はそう難しくはありません。ただ、繁殖能力が衰える8歳くらいまでずっと年3回の繁殖を繰り返せば、猫の体にとって確実に大きな負担となってしまう。また子猫を長く一緒に置いておくと繁殖のチャンスが減るということを、多くのブリーダーが理解している。このことで、子猫の社会化に問題が出てくる可能性も否定できません」

「子猫は死ぬと冷凍庫」

2018年7月、関東地方北部の猫の繁殖業者を取材した。住宅街に立つ3階建ての戸建て住宅。そのなかで100匹近い猫たちが暮らしていた。

なかに入ると、アンモニア臭が鼻をつく。1階の部屋には狭いケージに入れられた猫が多数いるほか、妊娠中でおなかを大きくした猫が何匹もうろうろとしていた。2階を住居スペースにしており、3階にも数十匹の猫がいるという。

この住宅に住む女性が猫の繁殖を始めたのはおよそ10年前。最初は小規模に始めたが、いまでは常に20～30匹の子猫がいるほどの繁殖業者に成長した。インターネットに広告を出して直接消費者に販売しているほか、埼玉県内の競り市にも出荷している。これだけの数の猫の面倒を、女性を含めて1～2人程度で見ている。当然、健康管理は行き届かない。

かつてこの繁殖業者のもとで働いていたというアルバイトの女性はこう証言した。

「とにかく病気の子が多い。治療を受けさせてもらえないまま死んでしまう繁殖用の猫もいました。くしゃみや鼻水を出しながら繁殖に使われている子もいて、そういう猫たちは、絶対にお客さんの目には触れないよう隠されています。親の病気に感染して死んでしまう子猫も少なくなく、働いている間は頻繁に猫の死体を目にしました。子猫は死ぬと冷凍庫に保管し、ある程度死体がたまると、業者を呼んで引き取ってもらっていました。成猫は1匹1千円程度で引き取ってもらっていたようです」

繁殖用の親猫を増やし、子猫を増産するなかで劣悪な飼育環境に陥る業者が出てくる一方、バブル状態の市場環境は、新規参入を促す。

脱サラや定年退職して猫の繁殖業を始める人もいれば、「農家の人で、野菜を作るより猫を繁殖するほうが効率がいい、と始める人もいると聞く。安易に猫の繁殖を始める人が相当いる」（大手ペットショップチェーン経営者）といった状況だ。

猫ブームの恩恵とその行く末

「多少の小遣い稼ぎになればいいかなと思い、始めました」

そう話す関東地方南部に住む60代の男性は、２０１０年代に入り、勤務先を定年退職したのを機に猫の繁殖業を始めた。最寄りの駅から車で20分ほど。田園地帯のなかに時折あらわれる住宅地の一角に、男性の自宅はあった。

敷地の片隅に、繁殖用の猫たちが飼われている「猫舎」が立つ。猫舎のなかを案内しながら、男性は話す。

本当は犬のほうが好きだが、犬は鳴き声がうるさくて近所迷惑になる可能性がある。猫よりも広いスペースも必要になる。だから、犬は断念したという。

開業に必要な繁殖用の猫は、埼玉県内の競り市で買ってきた。雄1匹、雌2匹。「いろいろ調べて、利口で飼いやすく、おとなしい性格と言われている種類の猫を選びました。その後に人気が出たので、『あたり』でした」。いまは約10匹の繁殖用猫を抱える。

交配させる時期を調整しつつ、年間20、30匹の子猫を出荷している。ペットショップのバイヤーに直接販売することもあれば、競り市に持っていくこともある。出荷価格は始めたころに比べて2、3倍になっていて、最近は1匹あたり10万〜15万円の値がつく。つまり、年間300万円前後の収入になる計算だ。

「競り市だと、とんでもない高値がついたり、逆にものすごく安い時もあったりする。それはけっこう楽しいんです。ただ、競り市に出すと、ブリーダーさんに買われることがある。ブリーダーさんのところに行っちゃったら、絶対に幸せになれないですよ。一生、狭いケージに入れられるかもしれないんですから。私としては、なるべくかわいがってくれる人に買ってもらいたい。だからどちらかと言えば、ペットショップに直接売るようにしています」

猫ブームの恩恵を強く感じている。

だからこそ、繁殖に使っている猫たちに無理をさせたくない。最初に競り市で買ってきた雌猫は、そろそろ繁殖に使うのをやめようと思っている。繁殖から引退した猫を引き取ってくれる動物愛護団体に、相談を始めているという。

新規参入者が増える一方で、目立ってきたのが、猫の繁殖にも手を出す犬の繁殖業者だ。大手ペットショップチェーン経営者は、「『犬だけじゃなくて猫も』という安易な兼業繁殖業者が増えてきている」と懸念する。

ある大手ペットショップチェーンの推計では、２０１５年度時点で、犬の繁殖業者が猫の繁殖も始める事例は、繁殖業者全体の3割を超えたという。「犬猫兼業」繁殖業者がどんどん登場しているのだ。しかも同時に、「猫は蛍光灯をあて続ければ年に3回繁殖でき、運動する必要もないから狭いスペースで飼育でき、とにかく効率がいい」（別の大手ペットショップチェーン経営者）という考え方が広がっている。前出の筒井名誉教授はこう憂える。

「犬と猫は全く別の動物です。たとえば、犬では感染症を防ぐのに有効なワクチネーションプログラムが確立しているが、猫ではワクチンで十分に抑えきれずに広がってしまう疾患がある。求められる飼育環境も、犬と猫とでは全く異なる。猫を飼育する際の様々なリスクを、犬のブリーダーがどれだけ理解できているのか心配です」

猫の繁殖に参入したものの数年で撤退に追い込まれる業者は少なくない。

関東地方南部で20年あまり犬の繁殖業を続けてきた女性は数年前、ブームに乗って猫の繁殖も始めてみた。

だが、しばらくすると感染症が蔓延（まんえん）した。

「犬と同じようにいくのかと思ったら全然違った。感染症が一気に広まって、怖くなってやめました」

女性はそう振り返る。

業者が廃業しても多くの場合、猫たちは繁殖から解放されない。

廃業は第1種動物取扱業の登録が抹消されることを意味する。つまり、行政の目が届かなくなる。結果、繁殖に使われていた「台雌（だいめす）」と「種雄（たねおす）」の多くは、同業者に横流しされていく。こうした猫たちは、行政に把握されないまま闇へと消える。

さらに、先に示した朝日新聞による「犬猫等販売業者定期報告届出書」の調査では、毎年少なくとも5千〜7千匹の猫が、繁殖から流通・小売りまでの過程で死んでいることが明らかになっている（原則として死産は含まれない）。ブームは、これだけの数の犠牲の上になりたっているのだ。

このまま猫ブームが続けば、猫たちの過酷な状況はますます広まっていく。もちろんブームにはいつか終わりがくる。ただペットのブームは、終わった後にも悲劇が起こる。大手ペットショップチェーンの経営者はこう話す。

「私たち自身、いまのようなブームがいつまでも続くとは思っていません。毎年、『今年が山場だろう』というつもりでいます。一方でこの数年、高く売れるからと、各ブリーダーとも子猫の繁殖数を大幅に増やしている。そのため、かなりの数の繁殖用の猫を抱えてしまっています。ブームに陰りが見えて子猫の販売価格が下がり始めたら、増やしすぎた繁殖用の猫たちがどうなってしまうのか、行く末が懸念されます」

懸念される遺伝性疾患

こうした繁殖、販売の現場の状況から、遺伝性疾患の増加を懸念する声も出ている。「犬よりも遺伝性疾患が広がりやすいと考えられる」と指摘するのは、鹿児島大学共同獣医学部の大和修教授（獣医臨床遺伝学）。日本国内の繁殖用の猫の集団が、犬のそれよりも小さいためだ。

人が意図的に交配の組み合わせを決めて繁殖する販売用の犬猫の場合、単一の原因遺伝子が特定されていて、検査方法が確立している遺伝性疾患であれば、「予防」が可能だ。劣性遺伝する疾患なら、アフェクテッド（原因遺伝子を持っていて発症する可能性のある個体）やキャリア（原因遺伝子を持っているが発症はしない個体）を繁殖のラインから外せば、確実に発症する犬猫を減らしていける。だが、「犬ではそれがあまり実践されず、猫も同じ轍（てつ）を踏みつつある」と大和教授は言う。

ONLINE MENDELIAN INHERITANCE IN ANIMALS（OMIA）によると、単一

の原因遺伝子が特定され、検査が可能な猫の病気は2024年4月時点で約90ある。なかでも症状が重かったり、事例が多かったりする主な遺伝性疾患は次ページの表の通りだ。

このうちたとえば、重度の貧血になって多くが4歳程度で死に至る「赤血球ピルビン酸キナーゼ（PK）欠損症」は、国内のソマリ、アビシニアン、シンガプーラの4割前後がキャリアだったという調査報告がある。

PK欠損症は劣性遺伝する遺伝性疾患。キャリアの猫は原因遺伝子を持っていても病気を発症はしないが、キャリア同士の繁殖を行えば4分の1の確率で病気を発症する可能性がある猫が生まれる。PK欠損症に有効な治療法はない。

優性遺伝する遺伝性疾患もある。多発性嚢胞腎（のうほうじん）（PKD）はその代表的な存在だ。

劣性遺伝の場合、キャリアと、原因遺伝子を持たないクリアとを交配させても、2匹に1匹はキャリアになるが、発症する可能性のある個体（アフェクテッド）は生まれない。キャリア同士、キャリアとアフェクテッド、アフェクテッド同士を交配に使った時のみ、発症する可能性のある個体が生まれる。

だが優性遺伝する場合、原因遺伝子を持っている個体とクリアとを交配させると、2匹に1匹が発症する可能性のある個体になってしまう。

岩手大学農学部の佐藤れえ子教授（臨床獣医学）によると、ＰＫＤはもともとペルシャに多いとされてきた。岩手大学農学部附属動物病院で検査すると、ペルシャの67％がＰＫＤの原因となる遺伝子異常を持っていた。だが、最近ではアメリカンショートヘアやスコティッシュフォールドでも症例が見られるという。

腎臓（じんぞう）に穴があく病気で、多くが４歳以上で発症する。飼い主が異常に気付いた時には、人工透析を続けるか腎臓移植をするしかない状態になっているケースが多いという。佐藤教授はこう呼びかけている。

「多発性嚢胞腎は優性遺伝する疾患であり、原因遺伝子を持っている個体は繁殖に使わないでほしい。ブリーダーは、気になる症状が見られるなら、遺伝子検査をしてほしい」

猫の主な遺伝性疾患

疾患名	症状	可能性がある主な猫種
赤血球ピルビン酸キナーゼ（PK）欠損症	重度の貧血になり、有効な治療法がないため多くが４歳程度で死に至る	ソマリ アビシニアン、 シンガプーラ
多発性嚢胞腎（PKD）	腎臓に穴があく。異常に気付いた時には人工透析を続けるか腎臓移植をするしかない状態になっていることが多い	ペルシャ、 スコティッシュフォールド、 アメリカンショートヘア
骨軟骨異形成症	前脚や後ろ脚の足首に骨瘤ができて脚を引きずって歩くようになったりする	スコティッシュフォールド

「折れ耳」に隠された疾患

ペット保険大手「アニコム損害保険」の調査で、2024年まで16年連続で人気1位猫種になっているスコティッシュフォールドも、優性遺伝する遺伝性疾患を抱えている。スコティッシュフォールドは、携帯電話会社のCMに起用されたことなどで人気猫種となったわけだが、猫種名の由来であり、人気の理由にもなっている「折れ耳(fold)」が問題だ。

実は折れ耳は、優性遺伝する骨軟骨異形成症の症状の一つ。原因遺伝子を両親から計二つ受け継いで重症化すれば、四肢に骨瘤(こつりゅう)ができ、歩く際に脚を引きずるようになったりする病気なのだ。多くの人が飼う、片親からだけ原因遺伝子を受け継ぐことで耳が折れている猫でも、年齢を重ねると四肢の関節が変形する。

これらは獣医学的に、痛みが生じると考えられる状態だ。折れ耳スコティッシュの多くがあまり動きたがらなかったり、動きが遅かったりするのは、痛みのためだと推定されている。前出の大和教授はこう指摘する。

「発症した猫は、四肢や体に生涯ずっと痛みがある。スコティッシュフォールドは『猫種』と捉えるのではなく、『病気の猫』と見るべきだ。そんな猫が日本では人気ナンバーワンというのは、かなり深刻な状況と言える」

そもそも、遺伝性疾患を抱える「病気の猫」をあえて繁殖、販売しようとする行為には大きな問題がある。第5章で詳しく書く2021年4月に環境省が制定した飼養管理基準省令では、「遺伝性疾患等の問題を生じさせるおそれのある組合せによって繁殖をさせないこと」と定められている。違反した業者には、動物愛護法に基づく改善勧告や業務停止命令などが出される可能性がある。

前述の通り、スコティッシュフォールドの骨軟骨異形成症は優性遺伝する疾患だから、折れ耳同士で繁殖すれば75％以上の確率で折れ耳の子猫が生まれる。折れ耳と立ち耳とで繁殖した場合でも、50％以上の確率で折れ耳が生まれる。販売されている「折れ耳の子猫」の側から見ると、両親または片親は必ず折れ耳だということになる。

つまりペットショップの店頭に折れ耳のスコティッシュフォールドがいる時点で、飼養管理基準省令が禁じる繁殖が行われたことは明らかなのだ。動物愛護法に照らせば、折れ耳のスコティッシュフォールドの繁殖は認められていないと解するべきだろう。

実際、国会でも問題になった。2022年5月11日に開かれた参院消費者問題特別委員会。環境省の松本啓朗・大臣官房審議官はスコティッシュフォールドの繁殖について「規制の適用のあり方を検討する」と述べ、今後、専門家や動物愛護団体、ペット関連の業界団体などから知見を集めていくことを明らかにしたのだ。福島瑞穂氏（社民）の質問に答えたものだった。

福島氏は21年6月から施行されている飼養管理基準省令で「遺伝性疾患等の問題を生じさせるおそれのある組合せによって繁殖をさせないこと」と定められていることなどから、「（折れ耳については）繁殖を避けることを検討すべきだ」などと質問した。

松本氏は、スコティッシュフォールドの骨軟骨異形成症は遺伝性疾患であるという報告を把握しているとしたうえで、「基準（省令）に反することは動物愛護、動物福祉の観点から考えて望ましくない。折れ耳のスコティッシュフォールドの繁殖規制の適用のあり方について獣医師関係団体、動物愛護関係団体、ペット業界団体などの知見と意見をよく聞きながら、検討していく」という考えを示した。

ところがペットショップの店頭ではいま現在も平然と、折れ耳のスコティッシュフォールドが売られている。ペットショップの経営者たちはその繁殖が飼養管理基準省令に抵触していることを認識し、一刻も早く仕入れ、販売をやめるべきだろう。

繁殖業者やペットショップなどを監視・指導する地方自治体が、この状態を放置しているとも問題だ。店頭に折れ耳のスコティッシュフォールドがいれば、行政はその仕入れ先を確認し、繁殖業者に対して改善するよう勧告、命令すればいい。その繁殖業者が命令に従わなければ当然、業務停止命令や登録取り消しといった処分の対象になる。

消費者もよく考える必要がある。消費者が「人気の折れ耳」に飛びつくから、業者は繁殖、販売する。もちろん、人気をあおるマスメディアの罪も重いと言わざるを得ない。

子犬、子猫の段階で症状があらわれる遺伝性疾患はほかにもいくつかある。そうでなくても、検査方法が確立されている遺伝性疾患は、繁殖段階で発生を抑えることができるものだ。業者、行政、消費者、メディアが一体となって、この事態を解決していかなければならない。

ブームの過熱と殺処分

ブームが過熱する一方で、猫の殺処分数は依然として1万匹台を超えている。2022年度も全国の自治体で1万4641匹（環境省調べ、負傷動物を含む）が殺された。猫の生産、販売ともに好調という事実は、ペットショップで猫を購入するという消費行動が普及、定着してきたことを意味する。

ブームは、消費者に衝動買いを促すという側面も持つ。衝動買いの結果が安易な飼育放棄に結びつきやすいことは、犬で証明されてきた。実際、純血種の野良猫が増えてきたという証言がある。

「アメリカンショートヘアやロシアンブルーなどと混血した野良猫はもはや珍しくありません」

18年2月5日、超党派の国会議員で作る「犬猫の殺処分ゼロをめざす動物愛護議員連盟」(会長＝尾辻秀久参院議員)の会合の場で、埼玉県内を中心に猫の保護活動を行っている保護猫カフェ「ねこかつ」の梅田達也代表はそう指摘した。

17年9月に埼玉県行田市内の公園で約20匹の野良猫を保護してみると、そのほとんどがスコティッシュフォールドやラグドールなどの純血種だった――というようなことが起きているという。

こうしたことから、猫の販売量が増えることそのものに危機感を抱く向きは多い。

前出の宮田玲子・猫びより編集長は言う。

「本当に猫が好きな人ほど、今の猫ブームについて疑問を持ち始めている」

ブリーダーの使命

長く特定の猫種にこだわって繁殖を続けてきた、本来の意味での「ブリーダー」と呼べるような業者のなかでも、危機感は共有されている。

関東地方北部で20年以上前から、ある純血種の猫の繁殖を行っている男性を訪ねた。男性が猫の繁殖を始めたのは1990年代のことだ。先輩から純血種の猫を譲り受けたのがきっかけだったという。

繁殖を始めたころ、繁殖用の猫は基本的に、海外から輸入するものだった。輸入する際には多くのケースで、子猫が生まれてもほかの国内繁殖業者には渡さない――という契約を結んでいた。男性はこう話す。

「ブリーダーというのは本来、その血統特有の姿形や気質（スタンダード）を守っていくことが使命です。ところが海外のブリーダーから見ると、日本のブリーダーはスタンダードを作るブリード（繁殖）をするとは思われていません。販売目的で乱繁殖している存在だと、海外からは見られているのです。だからまずブリーディングの姿勢を認めてもらい、そのうえで『子猫をほかの業者には渡さない』という契約を結ば

2017年9月に埼玉県行田市内で保護された約20匹の猫たちは、ほとんどが純血種だった。スコティッシュフォールドとノルウェージャンフォレストキャットが交配して生まれたとみられる子猫も一緒に保護された（ねこかつ提供）

ないと、海外のブリーダーは日本のブリーダーに猫を譲ってくれません」

いま男性のもとにいる繁殖用の猫は、雌12匹と雄6匹。自宅の2階を猫用のスペースにあてている。猫の健康を考え、発情期が来る度に交配させるような、無理な繁殖は絶対にさせない。雌も雄も4~5歳くらいで引退させ、不妊・去勢手術をしたうえで、自分のペットとして飼う。

生まれた子猫は、最短でも2カ月半は自分の手元に置いて育てる。親やきょうだいとの社会化をし、離乳後は男性の家族らが遊んであげるなどして人間にも慣れさせる。8週齢（生後56日）で最初のワクチン接種をし、それから2週間ほど様子を見たうえで、販売することになる。一般の飼い主に直接販売するのが大半で、たくさん子猫が生まれた場合などには例外的にペットショップにも出荷している。

競り市には絶対に出さない。どんな運命をたどるのか、予想がつかないからだ。「最近は競り市で猫を買ってきて、繁殖業を始めるという人が多い。でもそういう人は、パピーミル（子犬工場。まるで工場で機械を生産するかのように犬を繁殖する場や人の意）みたいな飼い方をする。そんなことを猫でやったら、みんな病気になりますよ。僕のポリシーとしては、そういう人たちと同じくくりで見られたくありません」

ここ数年、「猫（の繁殖業を）始めたいんだけど、どうしたらいい？」という相談が、毎月十数件もくるとも明かす。男性はこう嘆く。
「猫というのは、病気の管理がものすごく大変なんです。抱える頭数を抑制的にしないと、世話が行き届きません。パピーミルみたいなことを猫でやっても、絶対に長続きしないいんです。3年も持たないでしょうね。そもそもパピーミルのような飼い方をする劣悪な業者は販売ができないような法制度にしてほしいと思っています。法律を厳しくすることで、できれば劣悪な業者はどんどんやめていってほしい」

野良猫と「エサやり禁止条例」

ここまで、ビジネスのために繁殖、販売される猫たちについて述べてきた。一方で飼い主のいない猫、いわゆる野良猫が、日本ではいまも数多く暮らしている。野良猫たちは昨今、繁殖、販売される猫たちとはまた別の形で過酷な状況に置かれるようになっている。ここからは、野良猫たちを巡る状況について、触れていきたい。

近年、いくつかの地方自治体が、野良猫への「エサやり禁止条例」を成立させ、運用を始めている。特に京都市と和歌山県の条例については、「動物愛護の流れに反する」などとして、多くの動物愛護団体が強く反対運動を繰り広げた経緯もある。

「猫ビジネス」の実態を追いかけるかたわら、飼い主のいない猫たちの近況を明らかにするため、京都市と和歌山県を取材した。

2016年7月の早朝、京都市西京区で野良猫にエサやりをしていた女性らが、男から「エサやりをするな」「やめないなら街宣車を送り込む」などと怒鳴られる住民トラブルが起きた。京都地裁は17年3月、エサやりを妨害したこの男に損害賠償を命じた。

女性らは、野良猫を保護・管理する「地域猫活動」の一環としてエサやりをしていた。女性らの代理人を務めた植田勝博弁護士は、事件の背景には京都市が15年に施行した「動物との共生に向けたマナー等に関する条例」があったと指摘する。

「条例によって地域住民は、野良猫へのエサやりが悪いことである、あるいは犯罪行為であると誤認しました。結果として住民同士のいがみ合いが生じ、エサやりを妨害する行為が事件にまで発展してしまった」

この条例は「不適切な給餌(きゅうじ)の禁止」をうたうものだったが、「不適切」という定義がわかりにくく「エサやり禁止」だけが独り歩きした。このため、提案当初から多くの動物愛護団体が「動物愛護の流れに反する」などと反発したのだった。

制定のきっかけが「観光地などで猫の存在やその糞尿が迷惑だと、苦情の対象になっていたため」(京都市医務衛生課)だったことも、事態をこじれさせた。施行とともに京都市は、京都府と共同で、猫にエサを与えると糞で困る人が増え、猫が地域の嫌われものになる「悪循環」が起きる――などとするチラシも作った。一部職員が動物愛護団体への指導のなかで「猫は虫でも食べていればいい」「エサをやらなければいなくなる」などと発言したともされる。

同課は「エサやりが全く禁止されたと受け止める市民が出てきた」と認め、「エサやりを全面的に禁止したわけではなく、野良猫を減らしたいという思いだった。誤解をといていきたい」とする。一方で猫に関する苦情は、2014年度が765件で16年度は715件。条例施行前後で大きな変化は見られない。

京都市よりも早く、09年に初めて「エサやり禁止条例」を導入した東京都荒川区でも「最初の3、4年は混乱が続いた」(荒川区健康部)という。荒川区は、ある高齢者によるカラスやハトへのエサやりが住民トラブルに発展したことがきっかけで、条例を制定した。やはり、飼い主のいない動物の存在やエサやりが「迷惑」であるという前提が、京都市と共通する。さらに罰金の対象となる「給餌による不良状態」が具体的に何を指すのかわかりにくかったことも、似通う。

混乱を解消するために、荒川区では「猫は動物愛護法で保護されている愛護動物というのが前提」「エサやりを禁止しているのではなく、猫を地域で適正に管理してもらうのが狙い」などの情報発信を積極的に行うことになった。一方でやはり、猫に関して寄せられる苦情件数は横ばいのままで、毎年150件程度の水準で推移しているという。

和歌山県の「動物の愛護及び管理に関する条例」も制定時に「エサやり禁止条例」として問題視された。だが2017年4月に条例が施行されても、トラブルは生じていない。京都市、荒川区との大きな違いは、条例制定のきっかけと狙いにあった。「条例の制定にあたり、生活環境への影響も考慮したがそれよりも大きかったのが、猫の殺処分数の多さです」（和歌山県食品・生活衛生課）。人口10万人あたりの猫の殺処分数が常に全国ワースト5位以内に入っていたことを問題視し、その数を減らすことが条例制定の目的だったのだ。

そのため条例は、殺処分数を減らすために野良猫の不妊・去勢手術を進めるなど適切な管理や給餌を行う「地域猫活動」が盛んになるように組み立てたという。5万円以下の過料が科されるのは、不妊・去勢手術が行われていない猫へのエサやりなどに限定されている。公立公園や河川敷でのエサやりも認め、そのかわり、苦情につながる糞尿については「速やかに除去すること」とする。

並行して手術費用を県が全額助成する制度もスタートさせた。

施行から半年あまり。条例を巡る混乱はなく、和歌山県内で活動する動物愛護団体の代表は「地域猫活動について県民の認知度があがり、猫に堂々とエサをあげられるようになった」と喜ぶ。殺処分数減少という成果も見えつつあるという。

「TNR」

2022年度には全国で1万4641匹（環境省調べ、負傷動物を含む）にのぼった猫の殺処分を減らすには、野良猫が新たに子猫を産まないようにするのが最も効果的だと考えられている。野良猫へのエサやりは、そこに向かう有効な手段というのが、動物愛護団体の間では一般的な見解だ。

野良猫を捕獲（Trap）し、不妊・去勢手術（Neuter）を施し、元いた場所に戻す（Return）、いわゆる「TNR」が地域猫活動として広く行われている。猫には一代限りの生を全うしてもらいつつ、糞尿はエサやりをするボランティアらが適切に処理しようという取り組みだ。

TNRを進めるには、地域にいる猫の数などを把握し、捕まえられるよう人間が近づく必要がある。そのためにはやはりエサやりをして、信頼関係を築く行為が欠かせないのだ。地域猫活動を撮り続けている写真家の坪井大地さんも、「捕まえるにはエサを使って誘導するのは基本。エサやり行為は必須なことだと思います。ただ、かわいがるのであれば、本来は室内飼育を徹底すべきです。でも実際にはすべての猫に家を用意するのは不可能なので、苦肉の策として地域猫対策が行われている。この活動によって、猫による地域環境への悪影響を減らし、住民同士のトラブルも防止することができます」と話す。

条例などで一方的に野良猫へのエサやりを禁じたり、抑制したりすれば、こうした活動に制約を加えることになる。結果、野良猫はかえって増えてしまう可能性がある。約30年にわたり、東京都を中心に地域猫活動を続けているNPO法人「ねこだすけ」の工藤久美子代表は、周辺の環境に配慮したエサやりを行う必要性を強調しつつ、こう指摘する。

「エサやり禁止条例によって、周辺自治体も含めて『エサやり=悪』というイメージが定着すれば、地域猫活動は萎縮してしまいます。そうなれば殺処分される『不幸な命』が生まれ続ける。住民同士のトラブルや、猫による地域環境への悪影響もかえって増えてしまうのです」

環境省の見解と自治体の反発

猫の殺処分を減らしていこうという取り組みが広がりを見せる一方で、環境省が2018年夏に地方自治体に示した見解は波紋を広げた。

13年施行の改正動物愛護法では、ペットショップなど犬猫等販売業者や繰り返し持ち込んでくるリピーターからの引き取り要求について、自治体が拒否できるようになった。さらに附帯決議では、「駆除目的に捕獲された飼い主のいない猫の引き取りは動物愛護の観点から原則として認められない」ともされた。

ところが18年8月になって環境省は、「所有者不明の犬猫の引き取りは自治体の義務。拒否できるとは法律上は規定していない。多くの自治体が猫について、法の規定と乖離した状態となっている」などという見解を自治体に示したのだ。「引き取るべきものを引き取らない、猫による生活環境被害に対応しようとしないなどの苦情が、国民から寄せられているため」と、同省動物愛護管理室は説明した。

だが、見解通りの運用を行うと、駆除目的も含む大量の野良猫を自治体が引き取らなければならない可能性が高まる。譲渡できる数には限界があるため、当然、殺処分数は増える。こうしたことから、自治体に反発が広がった。

「収容数が極端に増加するような運用変更には対応できない」

「殺処分の減少を目指していることと矛盾する」

「外飼いが多い現状に鑑みると猫の飼い主に不安を抱かせることになるし、保護(引き取り)しなければ家に帰れるかもしれない」

「譲渡や処分をした後に飼い主が判明した場合、その責任の所在はどうなるのか」

見解が示されて以降、環境省には全国の自治体から、こうした意見が数多く寄せられた。現場で日々、犬猫の引き取りや譲渡、殺処分にあたっている自治体職員からの切実な声の数々だ。

野良猫について、多くの自治体は現状、積極的には引き取り業務を行っていない。住民の生活環境に野良猫による問題が生じるような場合には、エサやりへの指導や地域猫活動によって改善を図るなどの対応をするのが主流になっている。あえて猫の殺処分数を増やすような対応は避けたいというのが、多くの自治体職員の思いだ。現実的な問題として、所有者がいる可能性への配慮も必要になる。

こうしたことから、環境省の調査では16年度時点で、犬については27、猫については78の自治体が、所有者不明の場合は引き取り拒否することがあると回答している。

自治体に引き取られた子猫たち。全国の自治体で殺処分される割合は、子猫が最も多い（鹿児島県姶良動物管理所、筆者撮影）

さいたま市の担当者は「環境省は時計の針を、猫の引き取り30万匹台の時代まで戻そうとしている」と憤った。動物福祉の意識が希薄だった1989年度には、全国の自治体で約34万匹の猫が引き取られ、うち約33万匹が殺処分されていた。

「環境省の見解の通りにやれば、『殺処分ゼロ』なんて実現し得ない。動物愛護団体も、もう支えきれなくなる。団体の皆さんはそれでも頑張ろうとするだろうが、崩壊してしまうところも出てくるだろう」（さいたま市の担当者）

不幸な猫を減らしたい

この章の最後に、猫の保護活動に人生を捧げている2人の人物を紹介しておきたい。最初は獣医師の山口武雄さんだ。2022年冬に取材した。当時、75歳。

福岡県みやま市に設けられた動物病院に12月上旬の早朝、捕獲器に入れられた野良猫が次々と集まってきた。ボランティアらが雌雄の別や体重などを確認し、麻酔をかけたうえで、不妊・去勢手術のため手術台へと運ぶ。

この日、山口さんが最初に手がけたのはキジトラ柄の雌猫だった。メスを手に、さっとおなかを切る。「傷口は小さく」。優しいまなざしで手元を見つめながら、そうつぶやく。手術の翌日には元いた場所に放つから、開腹幅は1センチ程度にとどめるようにしている。鉗子(かんし)や子宮つり出し鈎(こう)を自在に操り、最後は抜糸が不要な吸収糸でおなかをとじる。その間、10分足らず。雄なら1分もかからない。

「速きゃいいってもんじゃないけど、猫たちはすぐに野良生活に戻るから、なるべく体への負担は減らしてあげたいと思っている。でもまあ、簡単な手術ですよ」。謙遜するが、その技術を習得しようと教えを請う獣医師はあとを絶たない。「弟子」と呼べる存在が全国に100人をくだらない。

元は神奈川県で動物病院を経営する普通の獣医師だった。大学卒業後、1974年に開業。「動物愛護精神なんてなかった。食っていくのに必死だった」と振り返る。きっかけは、病院を開いて約10年が経ったころに出会った一匹の野良猫。骨盤が折れ、胎児が死んでいた。手術して助け、飼い猫にした。「野良猫の一生は本当に過酷。かわいそうだよ。妊娠中でも子育て中でも、エサを求めてさまよわないといけない。一生懸命に子育てしていても、人間に捕まれば殺処分されちゃう」

不妊・去勢手術をすれば猫はおとなしくなり、人間中心の社会でも共生しやすくなる。一代限りの生を全うしてもらいつつ、子猫が生まれることはなくなるから野良猫は減る。まず、野良猫の手術を5千円で引き受け始めた。当時でも麻酔料や入院費を除いた手術料だけで雄は1万数千円、雌なら3万円近く取るのが一般的。破格の設定だった。

同じころ、動物保護団体から相談されて出張手術も手がけるようになった。野良猫たちがいる場所に出向いて手術することで、より多くの数をこなせるからだ。捕獲(Trap)し、不妊・去勢手術(Neuter)をして元いた場所に戻す(Return)。野良猫を助ける取り組みのなかでも「TNR」と呼ばれる活動に没頭した。

それから約40年、活動の最前線にいる。保護団体のボランティアだけでなく、行政職員や獣医師ら動物愛護活動に携わる多くの関係者から尊敬を集める存在になった。2017年に病院経営からは引退したが、今も全国各地を巡り、野良猫の手術にあたっている。その数は年間5千匹以上にのぼる。

取材したこの日は昼食をはさんで約6時間、手術台の前に立ち続けた。手術した猫は約40匹。「僕のやっていることは、猫を幸せにはしない。でも不幸な猫は、確実に減らしていける。持っている力をそのために使い切りたい。死ぬまで続けますよ」。福岡に3日滞在後、宮崎へ向かった。手術の予定は数カ月先まで詰まっている。


「大きくなったら保健所にいる猫を救いたい」

もうひとりは、埼玉県川越市の商店街で2013年から保護猫カフェ「ねこかつ」を運営する梅田達也さんだ。1972年生まれ。希少種保護を名目に離島で駆除対象にされる野良猫たちの問題にも、尽力している。

21年夏、取材で「ねこかつ」を訪ねると、大きくとられた窓から店内に日差しがふり注いでいた。40匹ほどの猫たちが思い思いにくつろぎ、新たな飼い主との出会いを待っている。

野良猫が産んだ雑種の子猫がいれば、無計画な飼い方の末に飼いきれなくなった「多頭飼育崩壊」で保護された純血種の猫もいる。交通事故に遭い自治体に収容されていた子猫は、3本脚をものともせず元気に動き回っていた。来店客はカフェの料金を払って猫たちとたわむれ、気に入った猫がいれば引き取りを申し出る。「保護猫の存在を広く知ってもらうため、郊外にシェルターを作るのではなく、人通りの多い場所にカフェというかたちでオープンしました」と梅田さんは話す。

小学校の卒業文集に「大きくなったら保健所にいる猫を救いたい」と書いた。社会人になってもずっとTNR活動を個人で続けるなどしてきた。

外資系流通企業に勤めていた11年、福島第一原発の20キロ圏内に取り残された犬猫を救い出すため知り合いの保護団体と走り回った。その活動を通じて悩みが募る。保護施設を持たない自分は一匹も連れて帰れない——。「40歳目前で、自分にはキャリアも家族も、守るものがなかった。だったらもう、蓄えが尽きるまで好きなことをやろうと思いました」

思いきって会社を辞め、「ねこかつ」を開く。18年にはさいたま市内にも出店。年間400～500匹の保護猫を、新たな飼い主と引きあわせている。これまでに譲渡できた猫は3千匹以上にのぼる。

譲渡の数を増やすだけでなくその機会も増やしていった。15年春に川越市内の観光施設で譲渡会を始め、百貨店やホームセンターなどでも会を仕掛けた。不特定多数の人が集まる場所で開催することで、保護活動の認知度を上げる狙いだった。

ここ数年、自宅でゆっくり眠るのは月に1度あるかないかという生活を続ける。相談がカフェに寄せられると、野良猫が産んだ子猫の保護に向かったり、親猫のTNRをしたり、多頭飼育崩壊の現場に入ったり。

捕獲作業は猫の活動時間にあわせて深夜から早朝になることが多い。子猫が多く保護される春から秋にかけてはいつも離乳前の子猫を数匹連れていて、3、4時間おきの授乳が欠かせない。

取材を終えるとこの日も、車に捕獲器を積み込んだ。「近所の人から、雌猫が3匹いて子猫が合計10匹以上生まれていると相談が。犬猫を捨てれば、行政が税金で殺してくれるという状況を一日でも早くなくしたい」

好悪を超えて

動物愛護法は第1条で「人と動物の共生する社会の実現を図る」と、目的を定めている。一方で当然ながら、犬や猫などの動物が苦手だったり、嫌いだったりする人もいる。朝日新聞デジタルで2019年4月から1カ月あまりかけてアンケートを行った際には、犬や猫の飼育にともなう問題を指摘する声も寄せられた。

「まだまだ、犬の散歩で、モラルの低い人が多い」（香川県、50代男性）

「庭先に猫が来て排泄（はいせつ）して困り、その対策に数百万円も使ってしまった」（新潟県、60代男性）

こうした事態を招かないために、飼い主には、自分のペットが人に迷惑をかけたりしないよう適切に飼育することが、やはり動物愛護法で義務づけられている。そして飼い主のいない猫については、ＴＮＲなどを通じ、地域住民によって保護・管理する地域猫活動が、重要な意味をもってくるのだ。

19年6月に参院本会議で可決、成立した改正動物愛護法では、「周辺の生活環境が損なわれる事態が生ずるおそれがないと認められる場合」には所有者不明の猫および犬については、自治体はその引き取りを求められても拒否できるようになった。この規定は、地域猫活動の伸展を後押しすることになるだろう。

空前の猫ブームだが、猫が嫌いな人は少なからず存在する。人間と猫とが共生するには何が最善の方策なのか、好悪を超えて、知恵を絞る必要がありそうだ。

ところで、ペットフード協会などペット関連の業界団体は、犬の推計飼育数を猫のそれが逆転したことについて「犬の飼育数が減った」と問題視する。

だが、ニューヨーク市立大学ブルックリン校のキャサリン・M・ロジャーズ名誉教授の著書『猫の世界史』(エクスナレッジ)によると、イギリスやアメリカでも2000年前後に、猫の飼育数が犬のそれを逆転している。ドイツやフランス、オランダ、カナダでも猫が犬を上回っているというデータがある。

生活の都市化や核家族化などが進む先進国では、ライフスタイルの変化に伴い、犬猫の飼育数が逆転するものなのかもしれない。

第2章

「家族」はどこから来たのか、巨大化するペットビジネス

子どもを超えた犬猫の数

ペットフードやペット用品、そして生きている子犬や子猫など生体（せいたい）の販売を含むペット関連総市場の規模は、いまや1兆7187億円（2021年度、矢野経済研究所調べ）にまで拡大している。同研究所の調査によると1994年度には6870億円だったから、この約30年で倍以上に成長したことになる。今後も拡大が見込まれており、2024年度には1兆8370億円に達すると予測されている。

リーマン・ショックが起きても（08年9月）、東日本大震災があっても（11年3月）、消費税が繰り返し増税されても、ペット関連市場は伸び続けてきたのだ。少子高齢化が進み、人口減少に転じた日本国内では、ペット関連市場は成長が見込める数少ない分野になっている。

言うまでもなく、この成長市場を支えているのが、犬や猫などペットたちの存在だ。23年時点で、国内で飼育されている犬の数は684万4千匹、猫は906万9千匹と推計されている（ペットフード協会調べ）。同じ年の15歳未満の子どもの数は1417万3千人（23年10月1日現在、総務省調べ）。03年に犬猫の推計飼育数と15歳未満の子どもの人口は逆転し、いまや犬や猫などのペットは「家族の一員」という立場を確固たるものにした。

この本を手に取られた方のなかにも、犬や猫などのペットを飼っている、または過去に飼っていたという方は多いだろう。だが、これだけの数の犬や猫たちは、どのようにして飼い主のもとにやってきたのだろうか。

「番犬」から「家族」へ

まず、私個人の話をさせていただきたい。

私が子どものころ、ほんの30、40年前までは、隣近所で生まれた子犬、子猫をもらってくる、または拾ってくるのが一般的だった。

まだ「昭和」だった1980年代、団地から建売住宅に引っ越したのを機に、我が家にも犬がやってきた。父がもらってきた、茶色い、雑種の子犬。モコモコした外見から「ムク」と名付けた。

子犬のうちは玄関で飼っていたが、そのうちに家の裏手に父が犬小屋を建て、杭に鎖でつないだ。どちらかと言えば、番犬としての役割が期待されていたように思う。

エサはいわゆる残飯だった。

しばらくすると隣家の友人がマルチーズを飼い始めた。さっそく遊びに行き、見せてもらった。我が物顔に室内を歩き回る真っ白な姿と、「血統書付き」という響きに、茶色い雑種のムクは、子ども心にどこか色あせたように思えた。

ムクは「平成」が始まる直前、フィラリア症のために亡くなった。

ペットフード協会によると、そのころの犬の飼育数は686万匹（87年）だった。平成に入ると犬は一気に増え、ピークの2008年には1310万匹に達した。

この間に犬たちは、拾ったりもらったりする外飼いの「番犬」から、ペットショップで買って室内で共に暮らす「家族」へと、位置づけを変えていった。

テレビCMから、犬が家族の一員として認知されるようになったことがよくわかる。ミニバンに元気よく乗り込む犬、カメラの被写体として躍動する犬、新築分譲マンションのかたわらを飼い主と散歩する犬――。かつてなら子どもが映っていたであろうポジションに、犬たちが進出した。

同時に、飼育環境は大きく向上していった。エサは、栄養バランスが考えられたドッグフードが主流になった。フィラリアやノミ・ダニの予防、感染症対策のワクチン接種などが浸透し、かける獣医療費は格段に増えた。

長毛種はトリミング、それ以外でも定期的なシャンプーのため、ペットサロンを利用する飼い主も少なくない。23年時点で、犬にかかる費用は平均月1万6156円。生涯では総額244万円余りになっている（ペットフード協会調べ）。

ブームもあった。1990年代半ばまでは、漫画『動物のお医者さん』の影響でシベリアンハスキーが大流行。2002年から始まった消費者金融「アイフル」のCMは、チワワ人気に火をつけた。

こうして消費者は、純血種へのこだわりを強くしていった。

血統書発行団体である一般社団法人「ジャパンケネルクラブ」によると、純血種の犬の新規登録数は89年は約23万7千匹だったが、ピークの03年は約57万5千匹に増えた。

結果として、大きな成長を遂げたのが、ペットショップを中心とする生体販売ビジネスだった。平成が始まる前後に、生体のペットオークション（競り市）が全国各地にできはじめた。このことがペットショップの多店舗展開を助け、2000年代に入ると異業種からの参入も相次いだ。

繁殖業者（ブリーダー）が様々な犬種の子犬を競り市に出荷し、ペットショップが仕入れ、店頭のショーケースに陳列する。消費者は、百貨店の屋上やホームセンターなどで日常的に純血種の子犬を目にし、購買意欲を刺激される。いまや誰もが当たり前だと思うそんな風景は、平成を通じて形作られたのだ。

全国に数十店から１００店前後を展開する大規模ペットショップチェーンは現在、10社以上も存在している。

第3章で詳しく触れるが、生体販売ビジネスの成長は、犬と消費者の距離を近づけた一方で、悪質業者による動物虐待という社会問題を生み出した。

繁殖用の犬を、何段にも積み上げた小さなケージに入れっぱなしで飼育し、子犬を産ませ続ける。子犬は生後1カ月を超えたらなるべく早めに出荷する。売れ残れば、地方自治体の保健所や動物愛護センターに持ち込んだり、闇で葬ったり。繁殖能力が衰えたり売れ残ったりした犬を、山中や河原に遺棄する事件も起こった。大量生産、大量販売のしわ寄せが、犬たちにいった。

こんな状況を改善しようと、動物愛護法は、平成に入って3度も大きく改正された。毎回、悪質業者の問題が俎上（そじょう）にのぼったが、ペット業界の反対もあって思うように規制強化は進んでこなかった。

生体販売ビジネス

私は10年以上にわたって、このペットにまつわるビジネスの現場を取材してきた。生体販売という「家族の一員」にまつわるビジネスのあり方について、関係者の証言などを紹介しながら、解説を試みたい。

第1章で一部を紹介したが、左に示すのが現在の犬の流通ルートを図式化したものだ。消費者のもとに犬たちがやってくるルートには、主に三つのパターンがある。

①生産業者（繁殖業者やブリーダー）→競り市（ペットオークション）→流通・小売業者（ペットショップ）→消費者
②生産業者（繁殖業者やブリーダー）→流通・小売業者（ペットショップ）→消費者
③生産業者（繁殖業者やブリーダー）→（インターネット広告）→消費者

繁殖業者、ペットオークション、ペットショップはいずれも、動物愛護法によって地方自治体への第1種動物取扱業者としての登録が義務づけられている。登録無しに、年2回または2匹以上の犬猫の販売はできないし、競り市を営むこともできない。

そしてこれらペットビジネスの中心にあるのが、一般に「ペットショップ」と呼ばれている、生体の流通・小売業者だ。犬では7割以上が、ペットショップ経由で、消費者のもとに迎えられている。

日本国内で、一連の流通ルートに乗る犬猫の数は現在、年間60万匹程度と見られる。そして2023年4月1日現在、繁殖業者やペットショップなど生体の販売にかかわる第1種動物取扱業者は2万2057ある。そのうち犬や猫の販売にかかわる業者（犬猫等販売業者）は1万6812を占め、これらのうち1万3267にのぼる業者が繁殖も行っている。

では、ペットショップとはいかなるビジネスなのか。そのあり方は、大きく三つに分類される。

一つは、消費者が普段から頻繁に目にしているであろう、複数の店舗をチェーン展開するペットショップ。次に、一つの店舗、多くても数店舗程度を地元密着型で経営するペットショップ。前者が全国チェーンのスーパーだとすれば、後者が昔ながらの個人商店だと考えれば、わかりやすい。最後にその変型として、自ら繁殖業を営みながら、小売りもしているペットショップもある。

ペットショップチェーンのなかにも大手から中堅まである。いわゆる「大手」とされている会社は次の6社だ。

・コジマ（東京都江東区）
・AHB（東京都江東区）
・ペッツファースト（東京都目黒区）
・Coo&RIKU（東京都千代田区）
・ワンラブ（名古屋市東区）
・犬の家（愛知県春日井市）

この大手6社のなかから、ペット用品販売や動物病院経営も手がけており業界最大手とされる「コジマ」、かつては動物病院やペットホテルなど多角的な経営を行っていたがいまは生体販売に特化している「AHB」、最初から生体販売に特化してきた「ペッツファースト」について詳しく見ていく。

業界大手、「脱生体販売」に対する考え

コジマの創業は1916（大正5）年にさかのぼる。「小島鳥獣店」として創業し、小鳥の販売を中心に長く営業を続けてきた。犬の販売を始めたのは戦後からだ。戦後すぐのころに説教強盗が頻発したことなどで「番犬」としての需要が増え、「子犬を仕入れた翌日には売り切れるという状態が続くほどだった」（『ペットの専門店　コジマ100年史』）という。

89年に現在の「コジマ」に商号変更。多店舗展開を始めたのは90年代に入ってからだ。2007年に西日本が中心のペットショップチェーン「ひごペットフレンドリー」（大阪府吹田市）を100％子会社化し、グループとして全国展開するに至った。23年時点ではグループで関東地方を中心に約50店（コジマ）、西日本に約40店（ひごペットフレンドリー）を展開している。

公表データによれば、コジマ単体の売上高は22年度で267億円。連結で見るとこれに、ひごペットフレンドリーの売上高（173億円）などが加わる。

また、年間の犬猫の販売数はコジマだけで約2万匹。ひごペットフレンドリーは約

4千匹。創業者・小島一郎氏の孫にあたる小島章義会長は、その経営方針についてこう説明している。

「私が社長になってから脱CA（コンパニオン・アニマル）、CA販売に依存しない経営を進めてきました。CAを提供してからがビジネスです。医療、物販、サービス部門の強化をし、ペットオーナーに安心してご来店いただける会社を目指しています。現実には年間2万頭前後の命を販売していることには違いありませんが、収益の大半はCA以外の部門からのものです」

つまり生体販売に頼らない収益構造を作ろうとしてきた、ということだ。実際、同社の売り上げ構成比を見ていくと、生体販売は毎年15％強程度にとどまっているようで、一方で売り上げ構成の7割近く、百数十億円分がペットフードやペット用品などの物販によるもの。ほかにトリミングやペットホテル、動物病院などの事業がそれぞれ5％程度ずつ売り上げているようだ。一般にあまり目立たないが、同社は14もの動物病院を運営している。

一方、全国で約130店を展開しているのがAHB。「ペットプラス」という店舗名で各地に出店している。同社は、1994年設立の「AHBインターナショナル」が前身。ペットショップのほかにペットホテルや動物病院の経営など、多角化を進めてきた。

現在のＡＨＢの形になったのは２０１１年。ＡＨＢインターナショナルから生体販売部門だけを分離し、独立したのがＡＨＢだ。ちなみにＡＨＢインターナショナルは12年、イオングループの「ペットシティ」に吸収合併され、いまは「イオンペット」（千葉県市川市）として存続している。イオンペットは、自社では生体販売部門を持たず、ペット用品販売を中心とする店舗を全国に展開し、その店舗にテナントとして生体販売を行う会社を入れている。

さてＡＨＢだが、ＡＨＢインターナショナルから独立した時点で、物販事業など生体販売以外の部門がすべてなくなった。つまり、生体販売だけの「１本足打法」へと転換を迫られたわけだ。ペットシティとの合併が発表された際のＡＨＢインターナショナルの売上高は１１３億円（10年度）。１本足打法になった直後は売上高が50億円前後に落ち込んだようだが、帝国データバンクによると、17年度時点で売上高は１００億円、純利益は４億６千万円。

22年度には売上高は１４２億円に達している。また子犬・子猫の年間販売数は約３万４千匹。そのうち犬が８割程度、猫が２割程度だという。

最後にペッツファーストだが、同社は当初から生体販売に「集中特化」してきたことが特徴といえる。前身の会社から生体販売部門だけを引き継いで2008年4月に設立された。

現在は全国で約80店を展開しており、年間の販売数は「2万頭くらい」（正宗伸麻社長）。22年度の売上高は148億円だ。19年4月、正宗社長に経営についての考え方や業界全体の見通しについて話を聞く機会があった。

「小鳥や子犬などを売る商店は古くからありましたが、ビジネスとして急激に大きくなったのはこの30、40年ほどです。ペットフード会社やペット保険会社が業界の一員として存在感を増し、薄利多売で『数』を売れば業界全体が潤うという考え方が、次第に主流になってきました。

ペッツファーストは最も多い時で年約2万3千頭を販売していましたが、いまは店舗や販売数の拡大を求めない成長のあり方をめざしています。企業としても業界としても、薄利多売からの転換が必要だと考えているからです。販売数で言うと年2万頭程度が適切だと見ています。死亡事故や病気のないように1頭ずつ丁寧に管理し、仕入れた子犬・子猫すべてに飼い主を見つける――。生き物を扱う企業として当たり前のことですが、この当たり前を実現するために、数を追っていてはいけないのです。

現在、ペットを飼い始めるきっかけやチャンネルは多数存在しています。そんななかでペットショップの役割は、飼い主に対して『家族が増える』意味や責任をしっかりと伝え、販売後もペットとの暮らしを豊かにするためのアフターサービスを提供することです。ブリーダーから飼い主へと子犬・子猫がわたっていく商流のなかで、ブラックボックスをなくしてより良い流通が行われるためのチェック機能も、私たちが果たすべきです。

近年、動物愛護の機運が高まっているのを感じます。業界の先行きには、強い危機感を持っています。命に真摯に向き合う、社会性と透明性をもった販売ができる企業を育てていかなければいけません。そうでなければ、この業界に未来はないと思っています」

本社所在地	備考
東京都江東区	傘下に約40店を展開する「ひごペットフレンドリー」
東京都千代田区	売上高、店舗数、従業員数は系列グループ会社分を含む
名古屋市東区	グループ内に不動産事業部門なども
東京都目黒区	グループで動物病院やペットサロンも手がける
東京都江東区	店舗の名称は「ペットプラス」
愛知県春日井市	店舗の名称は「ペットショップ 犬の家&猫の里」など

ちなみに、大手6社を比較すると下の表のようになる。

ペットの値段はどう決まるか

ここまで見てきたように、各チェーンとも多数の従業員を抱えながら、安定的に百億円前後かそれ以上の売り上げをあげていることがわかる。では、そもそも生体、つまり子犬や子猫の販売価格はどのように決められているのか。引き続き3社の事例を見ていく。

まずコジマの場合、ここ数年の平均的な仕入れ価格は15万〜20万円前後という。対して、平均的な販売価格は30〜40万円程度。つまり粗利率は5割程度となるが、ここか

大手ペットショップチェーンの概要

会社名	売上高	店舗数	従業員数	創業・設立
コジマ	267億円	約50店	1600人	1916年
Coo&RIKU	200億円	約220店	2850人	1999年
ワンラブ	155億円	約180店	1650人	2000年
ペッツファースト	148億円	約80店	1265人	2008年
AHB	142億円	約130店	1200人	1994年
犬の家	64億円	約60店	550人	1999年

＊各社の公表情報などを元に作成。売上高はいずれも2022年度のものだが、決算月によって一般的な年度とはずれがある。また、Coo&RIKUについては2020年度。従業員数はおよその数で、会社によってはグループ会社の従業員を含む

ら販売にかかった諸経費をひくと、子犬や子猫を1匹販売しただけでは数万円の利益しか残らないと見られる。

小島章義会長はここ数年の生体販売価格について、こう話している。

「仕入れ原価は高止まり傾向にあります。私たちの会社では、仕入れ原価に対して、それぞれの個体の歯並びや色など約20項目をチェックしたうえで、1週間の目視期間中に売価を設定しています。粗利は40～45％程度を見ていますが、人件費や販管費を入れると、1頭あたりのもうけはかなり少なくなるのが現実です。ですから、私たちのお店で子犬や子猫を買った方には、フードの購入や動物病院の診療、トリミングなどのサービスのために、また来店していただきたいというのが大前提にあります」

次に売上高はコジマの半分程度だが、同程度の純利益を出していると見られるAHB。同社では小売店における一般的な相場からまず販売価格を想定し、そのうえで仕入れ価格を検討していくという。

同社の岡田寛CA事業本部長は、「経済動物ですから、世間の相場や人気犬種ランキングを参考にしたうえで、JKC（ジャパンケネルクラブ）が決めているスタンダード（犬種標準）に近いもの、人気のある毛色のものほど、想定販売価格が高くなります。そのうえで初期の値入れ率を70～80％で想定します。店頭で売れて初めて粗利がでるわけですが、当初の想定との乖離（かいり）がだいたい10％はあります」と話す。最後にペッツファーストの場合、商品管理の観点から「売れ筋」を分析し、店頭に並べる子犬をトイプードルなど一部の犬種に厳選しているという。別の機会に正宗伸麻社長に取材したところによると、

「同業他社のなかには『いろどり』が必要だと言って、様々な犬種をそろえようとするところがあります。でも本来は、売れ筋の犬種、猫種を見極めていかないといけない。そのうえで、誰が見てもかわいい子、健康状態の良い子を仕入れるようにしています。そして薄利多売はしない。つまり丁寧に管理した付加価値の高い子を、それなりの価格で売る、ということです。だから1匹100万円以上するような子犬や子猫も、週に1、2頭は売れます。『ペッツファーストの犬は高い』と言われることもありますが、安く売る気はないんです。命ある犬や猫が安く買えることは、決していいことではないと思っています。価格を率先して上げていくことで、ブリーダーの利益が増えれば、繁殖環境の改善につながるとも考えています。結果として5、6年前と比べると1頭あたりの利益率が倍くらいにはなっています」

仕入れ価格と販売価格の考え方に違いがあるのに加え、実はこの3社では、仕入れ方法にも違いがある。競り市への依存度が違うのだ。

大量生産・大量販売を可能にした「競り市」

それぞれの仕入れ方法について述べる前に、競り市について解説しておく。

業界では競り市を、以前は「ペットオークション」と呼んでいたが、最近では、「オークション」という響きを嫌ってか「ペットパーク」と呼ぶようになっている。業界関係者同士の会話のなかでは単に「市場（いちば）」や「市（いち）」と呼ぶことが多い。

このビジネスが誕生したのはおよそ40年前、1980年代半ばのこと。そもそも、純血種をペットショップで買うという消費行動が平成に入ってから一般的になったきっかけが、競り市の登場と発展だったと言える。

競り市の登場前、ペットショップは、繁殖業者から直接購入する、ペットショップ同士で必要な種類を交換する、海外から輸入する――などのほかに、子犬・子猫を仕入れるルートを持っていなかった。このため、多店舗展開や全国展開は実質的に不可能で、消費者のニーズにあわせて多様な犬種・猫種を品ぞろえすることも困難だった。消費者にとってペットショップが、いまほど身近な存在ではなかったのには、こうした事情がある。

ところが80年代半ば、繁殖業者が子犬・子猫を出荷し、ペットショップがそれを仕入れる場、いまのスタイルの競り市ができはじめた。一般社団法人「金融財政事情研究会」が業界動向をまとめた『業種別審査事典（第11次）』は、「犬・猫はブリーダーと呼ばれる繁殖業者（もしくは個人の繁殖家）、輸入業者から仕入れていたが、セリ市場の登場により大量供給が実現した」と記す。

競り市が全国にできたことで、繁殖業者による大量生産とペットショップによる大量販売というビジネスモデルが成立した。このことは、様々な犬種のブームに、ペットショップが対応できるようになったことも意味する。また、異業種からの参入が容易になったのも重要な変化と言えるだろう。もし競り市がなければ、異業種からの新規参入組は仕入れ先を独自に開拓しなければならず、それは大きな参入障壁になったはずだ。

競り市は、日本における犬の生体販売ビジネスが、巨大な流通・小売業に成長するために必要な「原動力」だった、というわけだ。競り市があってこそ、現在のように、数十店から100店前後を展開する大規模チェーンが10社以上も存在できる。

日本最大規模の競り市を運営しているのが、大物俳優らが出演するCMで有名なハズキカンパニーなどを連結子会社とするプリヴェ企業再生グループ傘下の「プリペット」だ。長く犬ビジネスを手掛けてきたという同社幹部は、以前の取材に競り市の存在意義をこう説明していた。

「子犬の適切な健康管理を行い、価格決定の透明性を確保するために、ペットオークションという機能が必要になった」

競り市は以前は、取引の場を提供しているだけであり、動物取扱業の登録は必要ないとされてきた。しかし13年9月に施行された改正動物愛護法では、第1種動物取扱業（競りあっせん業）としての登録が必要になった。このことにより、全国で運営されている競り市の数がおおやけに把握できるようになった。

競り市では何が行われているか

競り市とはどのような場なのか。取材に基づき、その様子を再現する。

埼玉県内の国道沿い。走る車からも目に付きやすい、競り市であることを示す看板が道沿いに高く掲げられている。

毎週、決められた曜日の昼ごろ、ここに100台前後の車が集まってくる。関東近県のナンバープレートを付けた車が多いが、新潟や長野のナンバープレートも目立つ。

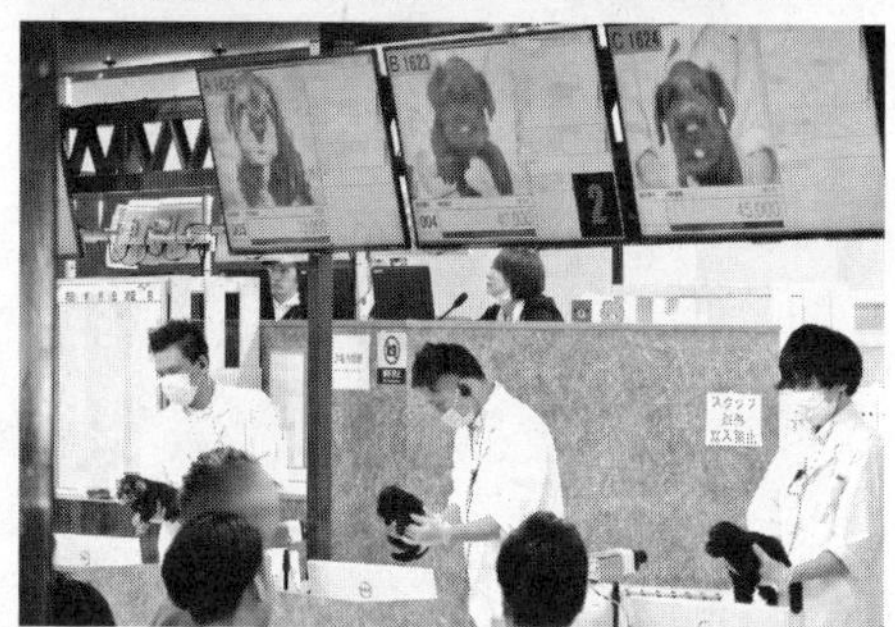

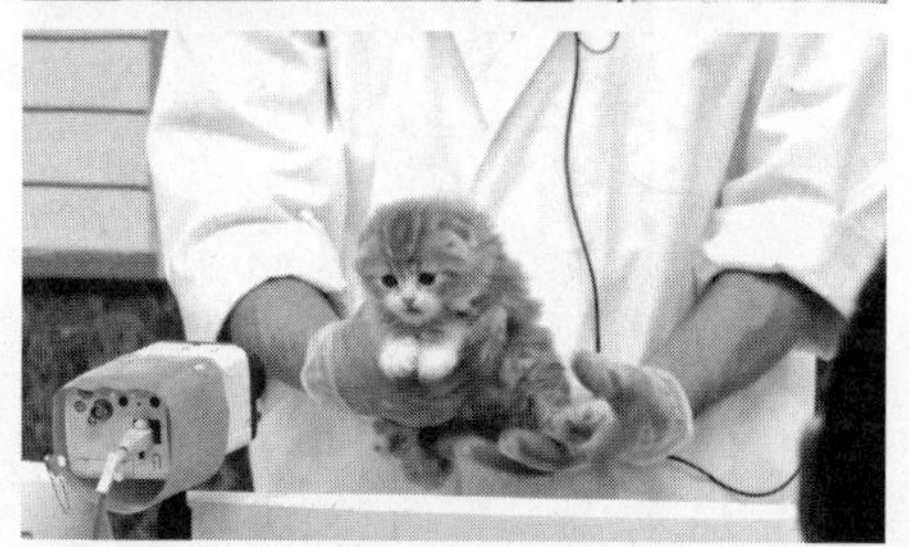

競り市を通じて、子犬・子猫は全国へと流通していく（埼玉県上里町の関東ペットパーク、筆者撮影）

それぞれの車には、たくさんの子犬、そして子猫が積まれている。小さな箱やケージに入れられた子犬や子猫が、続々と建物のなかへと運び込まれていく。

建物のなかで、子犬・子猫は1匹ずつ、競り市が用意する段ボール箱に入れられる。そのうえで約10人いる獣医師らが、パルボウイルス感染症や膝蓋骨(しつがいこつ)、角膜、結膜、心雑音についてチェックをしていく。チェックが終わり、問題が無ければ、棚に積まれる。その日の競りが始まるころには、子犬・子猫が入った段ボール箱が数百個もずらりと並ぶ。

子犬・子猫の小さな鳴き声が漏れ聞こえてくるなか、競りが始まる。会場には四つのブースが設けられ、その上に天井から四つのモニターがぶら下がっている。同時に4匹の子犬・子猫の競りが行えるようになっているのだ。出品者(繁殖業者)と落札者(ペットショップのバイヤー)は、いわゆるスクール形式に並べられた長机に座って、出品される子犬・子猫を見守る。時折、競り市の従業員が会場を回り、参加者に軽食を配っているのが目につく。

競りの対象になる子犬・子猫は、会場の裏手からローラーコンベヤーで次々と運ばれてくる。出品されているのは純血種ばかりではない。競り市の経営者によると、出品される5分の1ほどは、いわゆる「ミックス犬」だという。

モニターの下で待ち受けている、白衣をまといビニール製の手袋をはめた従業員が、子犬・子猫を段ボール箱から取り出す。従業員は子犬・子猫をカメラの前にかざしたり、見えやすいよう高く持ち上げたりして、会場にいるバイヤーたちに披露する。モニターには子犬・子猫の生年月日、繁殖した業者に関する情報、父母の情報などが表示され、つり上がっていく入札価格がリアルタイムで映し出される。

生年月日を見ると、多くが法規制ぎりぎりの生後57日ないしは58日程度で出荷されていることがわかる。なかには先天的な異常を抱えている子犬や子猫もいて、その情報もモニターには表示されている。

1匹あたり数分程度で落札者が決まっていくが、人気の犬種や猫種、そのなかでも人気の色や模様の子は、入札価格の上昇がなかなか止まらない。落札価格が20万円を超える子犬・子猫は少なくない。時に40万円以上の値が付くこともある。

たくさんの子犬・子猫を落札していくのは、大手ペットショップチェーンのバイヤーたち。落札された子犬・子猫たちは再び会場の裏手へと運ばれ、そこで獣医師らが混合ワクチンの接種をする。子犬・子猫たちにとっては、この瞬間を最後に、ともに育ったきょうだいたちや育ててくれた繁殖業者と別れることになる。

この日の競りには繁殖業者が１００業者ほど、ペットショップのバイヤーは50人ほどが参加していたという。出品された子犬・子猫はおよそ800匹だった。

このような競り市は、日本独特の流通形態だ。2023年4月1日時点で、全国に29ある（環境省調べ）。各競り市とも毎週1回、曜日を決めて競り市を開いており、平均的な規模の競り市だと1日で300〜500匹の子犬・子猫が取引される。うち8割ほどが子犬だが、最近では子猫の割合が増えてきている。最も大きな競り市では、1日あたりの取引数は約1千匹にもなる。

競り市の売り上げは、繁殖業者（出品者）とペットショップ（落札者）の双方から集める数万円から10万円程度の入会金、数万円程度の年会費、1匹あたりの落札価格の3〜10％程度に相当する仲介手数料から成り立っている。会員業者数は平均的な規模で300〜400、大きなところでは1千もの業者が出入りしている。

競り市における子犬・子猫の落札価格は、上昇傾向にある。2000年代には高くても10万円、平均価格は3万〜4万円程度だったという。それが2011年3月に発生した東日本大震災の後、10年代に入って平均8万円台まで上昇。それからは子犬で11万円前後、子猫で8万円前後で推移していた。

相場は、コロナ禍に入ってさらに急騰。22年12月時点の落札価格は子犬が例年の2倍弱となる平均18万円前後、子猫は1・3倍弱の平均10万円前後にまで上昇した。

全国のオークション業者でつくる一般社団法人「ペットパーク流通協会」の上原勝三会長によると、外出自粛が広まった20年3月ごろから相場は急上昇したという。この年のゴールデンウィークのころには、子犬の落札価格は平均約23万円をつけた。背景には在宅勤務が増え、ペットの面倒を以前より見られるようになったことがある。外出自粛のストレスから、ペットに「癒やし」を求める傾向も強まった。仕入れ値の上昇は当然ながら、ペットショップにおける販売価格の上昇にもつながったが、それでも需要は衰えを見せなかった。

一般社団法人「ペットフード協会」が21年12月に公表した20年の全国犬猫飼育実態調査も、コロナ禍で起きた「ペットブーム」を裏付けている。新たに飼われ始めた犬は前年比14％増の推計46万2千匹、猫は同16％増の推計48万3千匹。比較可能な過去5年間で見ても、伸び率と飼育数ともに最も大きい。協会の木村裕司・普及啓発委員会委員長は「コロナ禍による生活環境の変化が新たな需要を生み出したと見られる」と話す。ペット業界は思わぬ需要増に喜んだわけだ。

コロナ禍が落ち着いた24年に入っても犬猫の取引価格は高止まりしており、競り市の関係者によれば、犬猫あわせた平均落札価格は10万円台を維持しているという。埼玉県内の競り市では20万円を超える子犬の落札も相次ぐ。

こうした市場環境は、落札価格に応じて仲介手数料が入ってくる競り市にとってはそのまま、売上高の増加につながっている。

なお、一般的には春先からゴールデンウィークにかけての落札価格が最も高くなり、業界内では「春相場」などと呼ばれる。新年度が始まり、新たに「家族」を迎えようという機運が高まるためだと考えられている。これとは逆に、帰省やレジャーなどで出かける頻度があがるために子犬・子猫の需要が鈍る夏場は、落札価格が低迷する傾向がある。

競り市とペットショップ各社のスタンス

ペットショップで販売されている子犬・子猫のうち6〜7割程度が、こうした競り市で仕入れられている。ただ、それほど頭数を仕入れる必要がない地元密着型で少数の店舗しか持たないペットショップなどは、いまでも繁殖業者との相対取引を行っているところが少なくない。また、大規模にチェーン展開しているところでも、一部は、競り市を使わずに仕入れを行っているところもある。

積極的に競り市を活用している大手の一つがコジマだ。同社は年2万匹前後の生体を販売しているが、その仕入れの8割程度を競り市で行う。それだけの販売数を確保するためには、安定的な供給源が必要であり、そのためにも「競り市を利用せざるを得ない」というのが同社のスタンスだ。小島章義会長は取材にこう話している。

「オークションを利用することで、ブリーダーが直接見えなくなる、つまりトレーサビリティーの問題が生じることは確かです。その子犬や子猫の親がどのような環境で飼育されているのか、繁殖を終えた後どうなってしまうのか……などといったことに、買われる側の方々が関心を持ち始めており、私たちとしてもそのあたりを明確にしていく必要があるとは考えています。しかし、ブリーダーから大規模に直接仕入れるのはなかなか難しいのが実態です。直接契約を結んでいても、オークションのほうが高く売れるとなると、そちらに持って行ってしまうブリーダーさんも少なくありません。安定的に供給していくためには、オークションを利用せざるを得ない現実があります。最近では、オークションのクオリティーもあがってきています。流通の役割としてはかなり改善しているとは思っています」

多くのペットショップチェーンが程度の差こそあれ競り市を利用するなか、基本的にすべての仕入れを繁殖業者との直接取引で行っているのがＡＨＢだ。同社の場合、創業者で、その後にイオンペット社長などを歴任した小川明宏氏の考え方がその根底にある。以前の取材に小川氏は、こんなふうに答えている。

「すべてをオープンにするのが生体を扱う企業の責務であり、そうでなければ生体を扱う資格はないと思っています。だから私たちは顔が見えているブリーダーさんとしか取引しません。その体制が作れなければ、生体を販売する企業としての責任を果たせないと考えるからです。小売業は、品質保証ができなくなったら終わりなのです」

同社は現在、全国約2千500の繁殖業者と契約。十数人のバイヤーが繁殖の現場まで入り込んで、直接買い取りをしている。

売れ残った〝在庫〟はどこへゆくのか

ペットショップについて考えるうえで避けて通れないのが、売れ残る子犬・子猫の存在だ。生体を流通・小売業として販売するということは、それぞれの会社が在庫を抱えていることを意味する。普通に考えれば、抱えた在庫を100%販売できる流通・小売業は存在しない。ペットショップも例外ではない。そのことが業者による売れ残り犬の遺棄につながってきたことは、拙著『犬を殺すのは誰か　ペット流通の闇』(朝日文庫)で詳述した通りだ。

一方で、売れ残った子犬や子猫でも、「価格を下げれば売れる」という考え方も存在する。では実際には、どのような値引きが行われているのか。

ＡＨＢでは、年間50匹程度の売れ残りが出ることを明らかにしている。そのうえで、売れ残ってしまった子犬や子猫は、すべてを社員らが引き取ることにしているとする。年間の販売数が約3万4千匹だから、約50匹の売れ残りというのはずいぶん少ない印象を受ける。同社では、なるべく売り切るために値下げをすることで、売れ残りをこの程度の数まで抑えこんでいるようだ。

「店頭に出してからしばらくすると、1週間単位で値下げを始めます。だいたい4カ月くらい売れないままだと、仕入れ価格と販売価格が逆転します」（岡田寛CA事業本部長）

そして、繁殖業者と直接取引をしている同社にとっては、繁殖業者による遺棄も防ぎたいところ。岡田氏は、そのために「契約ブリーダーが何頭の繁殖犬を持っていて、リタイア犬をどうしているのか、厳しくチェックしています」とも言う。また後述するようにＡＨＢは、繁殖業者向けに講習会を行っているのだが、すべてのプログラムの終了後に、繁殖業者たちに懇親会の席を用意している。そこにはこんな狙いがあると言う。

「ブリーダーは一匹狼のようなところがあり、横のつながりがあまりない。懇親会の場で横のつながりを作ってもらい、たとえばどうしても廃業せざるを得ない時などに、仲間になったブリーダーに繁殖犬などを引き取ってもらえるようにしています。仲間の業者に余裕がなければ、私どものほうでほかの業者に仲介をしたり、いったん会社の施設で引き取ったりもします」（岡田氏）

実際、契約先は年に数％程度、廃業するところがある。そんな時に手をさしのべるところがなければ、繁殖犬・猫たちには悲惨な運命が待ち受けている。

ペッツファーストでは、店頭で生後半年を超えた犬に「ビッグパピー」という名称をつけ、在庫管理を行っている。ビッグパピーは常時、全国に20匹ほどいるといい、3万〜5万円程度の価格設定にして売り切ることを目指している。

「ビッグパピーと名付けることで、こういう子が増えすぎないよう、社員に意識づけています。病気などがあってどうしても売れない子は、栃木県日光市で運営している老犬ホーム『ペットリゾートカレッジ日光』でケアするようにしています」（正宗伸麻社長）

コジマの場合は、「滞留時間が長くなるという問題はあるが、売れ残る子はほとんどいない」（小島章義会長）とする。それでも売れ残ってしまう場合、繁殖業者に無料で譲ったり、社員を対象に「里親」を募ったりする。ただ同社は、「ディスカウントをしてしまうとイメージが悪い」という考え方を持つ。そのうえでなるべく売り切るために、大きくなってきた犬にはトレーナーによるしつけを始める。トイレや散歩のしつけをほどこして、付加価値をあげたうえで販売するという取り組みだ。

売れ残りつつある犬が値崩れしないための取り組みは、他社でも取り入れている。「マナードッグ」。AHBでは2014年から、大きくなった一部の犬たちにそんな名称をつけたうえで、価値向上に努めてきた。

具体的には数十人のドッグトレーナーと提携。トレーナーのもとで①トイレトレーニング、②かみつき抑制、③吠え抑制、④飛びつき抑制、⑤社会化などを1カ月かけて身につけさせる。さらに、このトレーニングを終えた犬を希望する消費者に対しては、すぐに販売をするのではなく、「1日お預け」をする。そのうえで消費者が納得すれば、ようやく正式に販売する。こうした取り組みの結果、販売価格は1カ月分ほど維持できるようになっているという。

同社の担当者はマナードッグの取り組みの狙いについて、こう話す。

「犬は店頭に置いておくと価値が下がるもの、という常識を変えたかった。そして、衝動買いをするべきではないという考え方も浸透させたかった」

ペットの健康チェックと「入荷基準」

ペットショップがどのように子犬・子猫を管理しているのかも気になるところだろう。ペットショップチェーンの多くは、いったん子犬・子猫を1カ所に集めて社員獣医師による健康チェックなどを行う流通方式をとっている。

たとえばAHBは全国7カ所に、仕入れた子犬・子猫の集中的な診療施設を設け、そこで同社の獣医師らが健康チェックを行っている。もし、後述する「入荷基準」に満たなければ、この段階でも繁殖業者のもとに戻されるケースが出てくる。ペッツファーストも同様に、東京都大田区内などにある管理センターに子犬・子猫を集め、そこで獣医師らが健康状態を確認している。

積極的に繁殖業者のあり方に関わっていこうとするAHBのスタンスは、ペットショップと繁殖業者の関係を変えつつある。

「私たちは繁殖についての指導から、ブリーダーさんたちの後継者問題にまでかかわるようにしています。そして社員の獣医師たちが議論を繰り返して『入荷基準』を決めているのですが、これにもブリーダーさんたちのレベルを高める意味があります」(岡

田氏）

同社が定める「入荷基準」とは子犬・子猫の身体のあらゆる箇所におよぶ、詳細なものだ。パルボウイルスや寄生虫の感染はもちろん入荷NG。たとえば「歯と口腔（こうくう）」について「犬歯が口蓋（こうがい）に刺さって炎症があるものは不可」とし、「カラー」は「猫のホワイト単色は不可」などとしている。また「尾・狼爪」について「尾曲の酷いもの」であったり、「皮膚」に「鱗屑（りんせつ）、脱毛、局部脱毛、発赤（ほっせき）、湿疹、イボが認められるもの」であったりしても、同社は入荷しない。

また入荷後も、チワワで450グラム以上、ミニチュアダックスフントで600グラム以上、トイプードルで450グラム以上、猫で450グラム以上――などの体重に満たない場合、受け入れを拒否しているという。岡田氏によるとこれらの体重についての基準は、「母親から引き離しても自立できるかどうかという観点から、試行錯誤の末に内規としました。週齢規制に、ブリーダーが違反していないかどうかの判断にも利用しています」。

こうした基準を定める一方、繁殖業者の技術向上のための講習会を「AHBブリーディングシンポジウム」と題して、全国で開催している。

2015年5月20日には、名古屋市千種区の「吹上ホール」で開催、犬や猫の繁殖業者ら延べ約160人が参加した。川口雅章社長のあいさつには、業界の置かれた状況への危機感があふれていた。

「私どもを取り巻く環境にはアゲンストの風が吹いています。それは今後も厳しくなっていくのではないかと思っています。でも本来、そうあらねばならないのです。業界の慣習などを、私たち自身が改めていかなければならないと、考えています。その際、動物たちの健康と安全が一番大事なことです。健康な子があふれ、一方でかわいそうな命を少しでも減らしていくために、一つ一つ問題をクリアしていきながら、10年後、20年後にも社会に認められる存在でありたいと思っています」

講師を務めるのは、日本獣医生命科学大学の筒井敏彦名誉教授(獣医繁殖学)のほか同社所属の獣医師ら。「猫の繁殖の特徴」や「犬の正しい繁殖」、「遺伝子検査の実用化」などをテーマに、プログラムが1日かけて進んでいった。

繁殖業者の多くは経験だけをもとに繁殖を行うケースが多く、獣医学に基づいた手法に接する機会はほとんどない。それだけに熱心にメモを取る姿が散見され、また質疑応答も盛り上がる。

シンポジウムで長く時間を割くのが、遺伝性疾患について。ここでも同社の獣医師が、失明につながる病気「PRA(進行性網膜萎縮症)」を例に取りながら「アフェクテッド（原因遺伝子を持っていて発症する可能性のある個体）は繁殖に用いるべきではありません」などと丁寧に説明していく。筒井名誉教授は、シンポジウムで遺伝性疾患について時間を割く意義をこう話す。

「大学付属病院で犬の遺伝性疾患を長く見てきた。『日本は世界でも突出して犬の遺伝性疾患が多い』と言われる。そうした犬たちがどのように生産されているのか常々気になっていた。健康な犬猫を世の中に出すべきだと考え、ブリーダーへの指導を行っている」

同社はこの年、全国6会場で同様のシンポジウムを展開。延べ約1千人の繁殖業者らに犬猫の繁殖方法や遺伝性疾患についての情報提供を行った。

「目立って多い」日本の犬の遺伝性疾患

ここで改めて、犬猫の遺伝性疾患について触れておきたい。その原因が、ペットビジネスのあり方と切っても切れない関係にあるからだ。

２００４年にマサチューセッツ工科大学を中心とするチームによって犬のゲノム配列が解読されて20年が経ち、犬の遺伝性疾患についての研究は大きく進んでいる。

これまでに原因遺伝子が一つに特定され、検査方法が確立された遺伝性疾患は、犬では約300ある（24年4月時点、ONLINE MENDELIAN INHERITANCE IN ANIMALS調べ）。

原因遺伝子を持っていても見かけは健康で発症しない「キャリア」同士の繁殖を行うと、4分の1の確率で病気を発症する可能性のある犬（アフェクテッド）が生まれる。つまり、繁殖業者が注意をすれば原因遺伝子を受け継ぐ犬を減らせる環境は整ったはずなのに、あまりそうはなっていない。

その背景として、遺伝性疾患に詳しい新庄動物病院（奈良県葛城市）の今本成樹院長は、繁殖業者が抱える問題を指摘する。ミニチュアダックスフントのなかでも白い毛が交じった「ダップル」という種類が一時期はやり、高値で取引されていた事例をひき、こう話す。

「ダップルという毛色になるには、マール遺伝子を受け継がなければいけない。だがマール遺伝子を持った犬同士の交配では、死産や小眼球症、難聴になる個体が確認されている。ブリーダーは、はやりの毛色を追求するばかりではなく、まずは健康を求めてほしい」

こうした状況について鹿児島大学共同獣医学部の大和修教授（獣医臨床遺伝学）は、

人気5犬種（プードル、チワワ、ダックスフント、ポメラニアン、柴犬）だけで新規の血統書登録の6割以上（18年、ジャパンケネルクラブ調べ）を占めている現実に言及し、こう話す。

「ある特定の犬種がマスメディアの報道で爆発的に流行し、短期間で可能な限り多くの個体を生産する努力が払われる。そんな土壌が遺伝性疾患を顕在化させ、新たに作りだす要因になっていると推測される」

子犬・子猫の遺伝子検査

犬や猫の遺伝性疾患がいかに罪深いものか、ある柴犬たちの事例にここで言及しなければならない。

2019年の冬から春にかけて、3匹の柴犬が次々と息を引き取った。17年9月生まれのきょうだい犬で、それぞれの飼い主に「さくら」「もみじ」「大福」と名付けられていた。

3匹の飼い主に面識はなく、全く別の場所で飼われていたが、最初の春を迎えたころ、3匹とも頭が小刻みに震えたり、少しの段差でもつまずいたりするようになった。

一般的な血液検査などでは原因がわからず、MRI検査までしてやっと病名が判明した。柴犬で多く見られる遺伝性疾患「GM1ガングリオシドーシス」だった。

生後半年ごろに発症する病気で、最初は歩き方に違和感が出る。次第に歩くのが困難になり、四肢がつっぱったようになって寝たきりに。多くが1歳半ごろには死んでしまう、致死性の不治の病。一方で第1章でも述べた通り、人が意図的に交配の組み合わせを決めて繁殖する販売用の犬猫の場合、単一の原因遺伝子が特定されていて、検査方法が確立している遺伝性疾患であれば「予防」が可能だ。

血統書から、3匹は愛知県豊橋市の業者が繁殖した犬だとわかった。

19年1月、この繁殖業者を取材した。JR豊橋駅から車で30分ほど走った、住宅と畑が点在するなかに、その業者の犬舎はあった。平屋のプレハブ小屋に、柴犬ばかり数十匹が飼われていた。

40年以上にわたり繁殖業を営んできたという男性は「(遺伝性疾患の原因となる遺伝子を持っていると)わかっていれば交配に使わないが、そんなことは知らなかった。いい子が取れると、自分は自信を持ってかけた」と話した。3匹は、同じ母犬から生まれた別の3匹とあわせ、知人の繁殖業者を介して出荷したという。

さくらの飼い主だった中村江里佳さんがブログで病状を公表したことがきっかけで3匹の飼い主は知り合い、連絡を取り合った。中村さんは「大きくなったらドッグランで思いっきり走らせてあげようなどと想像し、成長を楽しみにしていた。悔しい」と言い、もみじの飼い主だった三原朋子さんは「家族として迎えた子が1歳半くらいまでしか生きられないと知った時は、たとえようもないほど悲しかった」と振り返る。

3匹を仕入れ、販売したのはペットショップチェーン大手のＡＨＢだった。皮肉にも、同社は他チェーンに先駆けて繁殖に使われる親犬猫の遺伝子検査を積極的に進めていた。

繁殖業者が検査する際の料金を補助。原因遺伝子を持つ親を割り出し、遺伝性疾患が出ない組み合わせで交配するよう指導していた。川口雅章社長は言う。「親の検査が思うように進まないなかで、不幸な事態が起きた。本当に申し訳ない気持ちになった。流通・小売業者としての責任を果たすには、子犬・子猫を調べるしかないという結論に至った」

同社は、親の検査のために数億円規模の支出を続けて「(20年度時点で)ほぼすべての親の検査を終えた」(川口氏)一方で、19年3月、販売するすべての子犬・子猫の遺伝子検査を始めた。

犬は14疾患、猫は3疾患について検査。原因遺伝子を持っていても発症はしない子犬・子猫（キャリア）は、不妊・去勢手術を推奨したうえで原則として販売する。一方で発症の可能性がある子犬・子猫（アフェクテッド）が見つかった場合には販売せず、繁殖業者に返品することにした。

別の大手チェーンも同時期に子犬・子猫の遺伝子検査を始めている。コジマは同年1月から14犬種6疾患、21猫種2疾患について、Ｃｏｏ＆ＲＩＫＵは同年4月から25犬種9疾患、21猫種3疾患について検査している。コジマの川畑剛社長は「川上（繁殖業者）が改善されないなら、消費者に安心を提供するには子犬・子猫の検査をするしかない」と言い、Ｃｏｏ＆ＲＩＫＵは「消費者は、検査結果を事前に知ることで安心できる」（広報課）などとする。

コジマは、仕入れの約8割をペットオークション（競り市）に頼っているが、親が遺伝子検査済みの子犬・子猫だけを落札するなどの対策も進める。それでも「恐らく交配する際の取り違いなどにより」（川畑氏）、原因遺伝子を持つ子犬・子猫が検査で見つかる。キャリアは「繁殖させてはいけない子」などと消費者に説明したうえで販売。発症する可能性がある子犬・子猫は、繁殖業者に返品するか社員に譲渡するか、

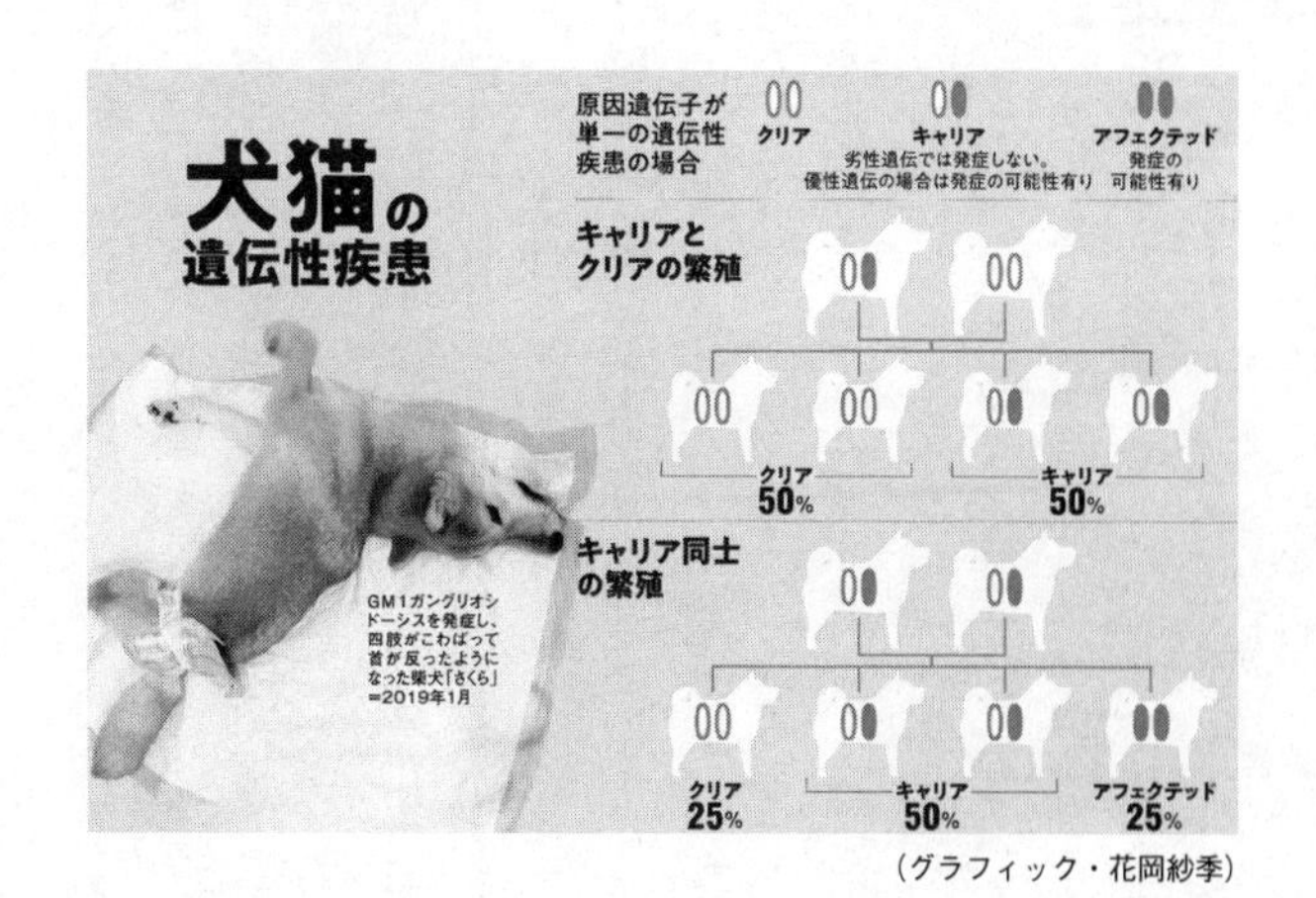
犬猫の
遺伝性疾患
原因遺伝子が
単一の遺伝性
疾患の場合
クリア
キャリア
劣性遺伝では発症しない。
優性遺伝の場合は発症の可能性有り
アフェクテッド
発症の
可能性有り
キャリアと
クリアの繁殖
クリア
50%
キャリア
50%
キャリア同士
の繁殖
クリア
25%
キャリア
50%
アフェクテッド
25%
GM1ガングリオシドーシスを発症し、四肢がこわばって首が反ったようになった柴犬「さくら」=2019年1月

（グラフィック・花岡紗季）

いずれかの対応をしているという。

Ｃｏｏ＆ＲＩＫＵは、一部の重大な疾患を除いてキャリアもアフェクテッドも、ペット保険への加入などを条件に、諸費用を負担してもらったうえで「終生飼育を前提に譲渡している」（広報課）。

販売する子犬・子猫の遺伝子検査については、倫理的な問題を指摘する向きもある。ペッツファーストの正宗伸麻社長は、「発症する可能性があるとわかった子犬・子猫の扱いが不透明だ。消費者に説明できない」と取材に話した。同社は全頭検査を行う方針を示さなかった。確かに、繁殖業者に返品された子犬・子猫がどのような運命をたどるのか、ショップ側は追跡できない。「返品された子犬・子猫を再び競り市に出品する業者もいる」（大手ペットショップチェーン経営者）という証言もある。正宗氏は「やはり親の検査を進めるべきだ」と話す。

多くのペットショップチェーンが子犬・子猫を仕入れるペットオークション（競り市）の対応もわかれている。競り市の業界団体「ペットパーク流通協会」（上原勝三会長）は、子犬・子猫を出品する繁殖業者らに、親犬・親猫の検査をなるべくするよう推奨。柴犬（ＧＭ１ガングリオシドーシス）、ボーダーコリー（神経セロイドリポフスチン症［NCL］）、ウェルシュ・コーギー（変性性脊髄症［DM］）に関しては、両親ともにそれぞれの疾患について遺伝子検査をしていて、どちらかがクリアの組み合わせから生まれた子犬しか、出品を認めていない。

さらに、上原氏が代表を務める関東ペットパーク（埼玉県上里町）とB&Bペットパーク（同県白岡市）では、繁殖業者が出品した子犬・子猫に関する情報として、両親が遺伝子検査済みであれば、その結果を開示している。このため、仕入れる側であるペットショップは、特定の遺伝性疾患について、原因となる遺伝子を受け継いでいなかったり、発症する可能性がなかったりすることがわかっている子犬・子猫を、選択的に落札できる。

上原氏は「親が検査済みの子犬・子猫のほうが高値で落札される傾向が出てきている。ペットショップの仕入れ努力によるものだが、繁殖業者にとって検査をする動機付けになっていると思う」と話す。

一方、同協会に所属しない、競り市最大手で、埼玉県蓮田市と神奈川県寒川町の計2カ所にオークション会場を持つプリペット（東京都港区）は、「遺伝子検査は、倫理上問題があると考えています。遺伝子検査で命の選別をすべきではないとのスタンスを取っています」（コンプライアンス担当）などとしている。

遺伝性疾患は減らせているのか

それにしても、ペットショップチェーン各社の取り組みは、状況の改善に結びついているのだろうか。またそもそも、日本国内における遺伝性疾患の広がりはどの程度のものなのだろうか。朝日新聞ではAHB、コジマ、Coo&RIKUによる遺伝子検査の結果を入手し、鹿児島大学の大和教授に分析してもらった。次ページのグラフはその一部だ。

疾患の原因となる遺伝子を受け継いでいても発症しない子犬・子猫が「キャリア」、一方で発症する可能性がある子犬・子猫は「アフェクテッド」と呼ばれる（97ページのチャート参照）。大和教授は全体を見て、「疾患によっては減少傾向を示しているものもある。しかし、直接には予防に結びついていないことがわかる」と指摘する。

遺伝子検査済みの親から生まれた子犬・子猫を選択的にオークション（競り市）で仕入れているコジマから入手したデータは、犬は6種、猫は2種の遺伝性疾患について、キャリア率とアフェクテッド率の推移がわかるようになっている。また、販売するすべての子犬・子猫と、その仕入れ先の繁殖業者のもとにいる親犬・親猫の検査を

遺伝子検査の結果

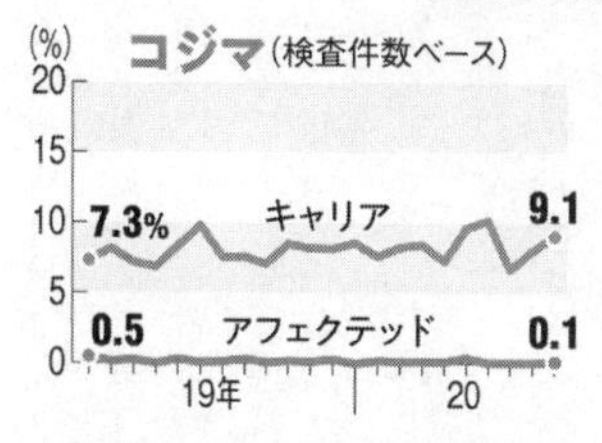

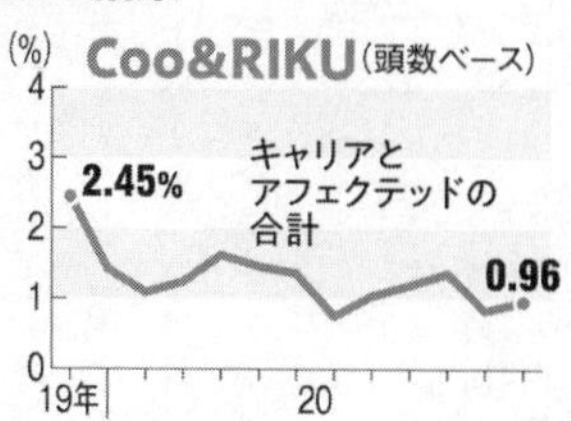

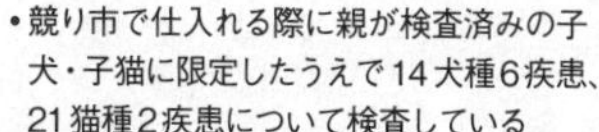

- 競り市で仕入れる際に親が検査済みの子犬・子猫に限定したうえで14犬種6疾患、21猫種2疾患について検査している
- 優性遺伝する多発性嚢胞腎（PKD）の原因遺伝子を持つ猫もキャリアとしてカウント
- PKD以外のキャリアは「繁殖させてはいけない子」などと説明したうえで販売

- 25犬種9疾患、21猫種3疾患について検査している
- キャリア、アフェクテッドでも一部の重大な疾患を除き、疾患について理解してもらったうえで、ペット保険への加入などを条件に、諸費用を負担してもらって譲渡

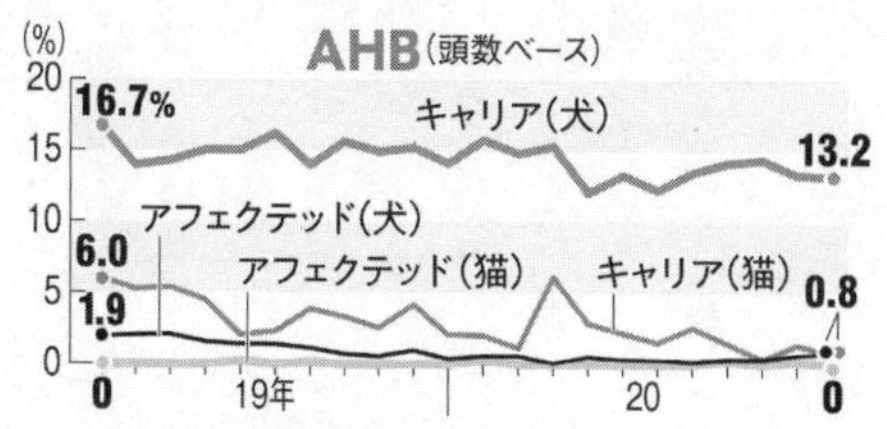

- すべての犬種、猫種を検査している
- 優性遺伝するPKD及び肥大型心筋症（HCM）の原因遺伝子を持つ猫もキャリアとしてカウント
- PKD及びHCM以外のキャリアは、消費者に不妊・去勢手術を推奨したうえで販売
- 取引業者が飼う親犬・親猫の検査も推進

（グラフィック・花岡紗季）

すすめているAHBは犬種・猫種ごとに、犬は14疾患、猫は3疾患の検査結果をまとめている。死に至る疾患であったり、原因となる遺伝子を持つ割合が高い犬種・猫種が人気種のため消費者への影響が大きかったりする、主要な遺伝性疾患ごとに見ていくと、犬種・猫種や疾患によって対策に濃淡がある現実がわかってきた。

まず「GM1ガングリオシドーシス」。柴犬以外ではほとんど見られない遺伝性疾患で、発症するのは生後半年ごろ。前述の通り、歩くのが困難になったり、四肢がこわばって動けなくなったりし、1歳半ごろに死亡する病気だ。

コジマのデータを見ると、検査を始めた2019年1月のキャリア率は2・8%、アフェクテッドの子犬はゼロだった。20年11月までの23カ月分の合計を見ても、やはりアフェクテッドは出ておらず、キャリア率は0・3%に低下した。AHBのデータは16年1月から20年11月に行われた検査の結果をまとめたもので、キャリア率は0・6%、アフェクテッド率は0・1%。両社とも数カ月に1度、キャリアが出るかどうかという水準になっている。

「以前は原因遺伝子のキャリア率が3%程度だったのが、この数年では1%を切るようになっている。これは、発症する犬がほとんど出ないことを意味する。繁殖業者側で対策がすすみ、それが功を奏している疾患と言える」（大和教授）

一方で、トイプードルで多く見られる「進行性網膜萎縮症（ＰＲＡ）」。網膜が萎縮するなどし、最終的には失明する可能性がある疾患で、チワワなどでも見られる。コジマのデータはトイプードルやチワワ、ミニチュアダックスフントなど複数犬種をまとめたもので、19年はキャリア率12・2％、アフェクテッド率0・4％、20年はキャリア率13・1％、アフェクテッド率0・2％。ほとんど改善していないことがわかる。

ＡＨＢのデータは犬種ごとになっていて、トイプードルでキャリア率16・8％、アフェクテッド率1・1％。また、トイプードルやチワワとは原因遺伝子のタイプが異なるミニチュアダックスフントでは、キャリア率45・6％、アフェクテッド率11・6％とかなり高い値を示していた。大和教授は、「以前のデータよりむしろ高い水準になっている。ＰＲＡは予防が効いていない」と指摘する。

猫ではどうか。「多発性嚢胞腎（ＰＫＤ）」は優性遺伝する疾患で、原因となる変異遺伝子を一つでも受け継げば腎嚢胞が形成され、腎機能低下などの症状が出始める可能性がある。腎臓に穴があくなどし、最終的には腎不全になって死に至る。ペルシャのほかアメリカンショートヘアやスコティッシュフォールドなどでも多く見られる。

コジマの検査で、原因となる変異遺伝子を持つ割合（変異保有率率）は19年で0・8％、20年も同じく0・8％。ＡＨＢではペルシャが同11・1％、アメリカンショートヘアで同1・4％、スコティッシュフォールドで同4・5％という結果だった。「かつて変異保有率が30～40％あったとも言われていたので、それに比べれば減っている。ただ、そもそも優性遺伝する、発症すれば死に至る疾患なのだから、変異保有率が10％以上出ているというのはちょっと多い。原因遺伝子を持つとわかっている親猫は、繁殖に使うべきではない」（大和教授）

遺伝子疾患の予防

遺伝性疾患の発生を抑制するには、親の検査を進め、原因遺伝子を持つ親を繁殖に使うのをやめたり、発症する可能性のない組み合わせで交配させたりといった対策が不可欠だ。ペットショップチェーンが行っている、原因遺伝子を受け継いだ子犬・子猫を見つける検査では、消費者を守ることはできても、病気の犬猫を減らす「予防」にはつながりにくい。子犬・子猫の検査結果をショップが繁殖業者にフィードバックしたとしても、その情報を生かして交配する組み合わせを見直すかどうかは繁殖業者次第だ。大和教授はこう話す。

「ほとんど見られなくなりつつある疾患もあることから、予防は現実に可能だ。子ではなく、やはり親の検査こそ進めていくべきだ」

17年から犬猫の遺伝子検査事業を始めている、ペット保険大手のアニコムホールディングス（東京都新宿区）。小森伸昭社長も、親犬・親猫の遺伝子検査をすすめることが重要だと考える。「検査結果によって交配相手を変えるのが目的であり、デメリットはない。人が飼いやすいように、かわいいと思えるようにつくりあげてきたのがペットの犬や猫。ペット文化を続けるためには、調べられるものは調べ、人の都合と、遺伝性疾患をなくしていくこととを両立させないといけない。その責任が人にはある」と話す。

一方で、AHBやペットオークションの取り組みによって親犬・親猫の検査が進んでも、効果的に減らない遺伝性疾患がある要因として、繁殖業者側にひそむ問題に言及する。「繁殖業者のほうで個体識別ができていないところが少なくない。繁殖に使う犬猫に名前をつけ、名前で呼ぶ業者は多くはない。すると、検査をしていても、実際に交配する段階で手違いが起きる。思いとうらはらに、きっちりコントロールできない」（小森氏）

高い精度で「コントロール」している業者もある。

ニチイ学館（東京都千代田区）の子会社「ニチイグリーンファーム」は11年から、

ラブラドルレトリバーとプードルを主体に豪州で2000年前後に新たに生まれた犬種、オーストラリアン・ラブラドゥードルの繁殖、販売を行い、人気を集めてきた。
事業を始めるにあたり、豪州から輸入したのは約140匹。21年時点で、繁殖群は約200匹まで増えていて、年400～500匹の子犬が生まれている。繁殖に使う犬は27の疾患について遺伝子検査を済ませていて、遺伝性疾患を出さないために「交配の組み合わせを精緻に選ぶ必要がある」と同社ブリーディング課の関根彰子獣医師は話す。
だがそれでも、軟骨が形成されない遺伝性疾患が発生するなど、繁殖した犬の0・2%でなんらかの遺伝性疾患を発症しているという。「原因遺伝子が特定できていなかったり、検査ができなかったりする疾患が出てしまうことは、どうしてもある」（関根氏）とする。

「すべては人によるセレクションの結果」

なぜ、犬種や猫種に特有の遺伝性疾患が存在するのか。探っていくと、子犬や子猫を買い求める消費者の側にも問題があることが見えてくる。犬種や猫種に特有の遺伝性疾患が発生する背景には、人がそれぞれの犬種・猫種をインブリード（近親交配）しながら固定化してきた歴史がある。

たとえば犬の「変性性脊髄症（DM）」は、ウェルシュ・コーギーの約8割が原因遺伝子を持っていることで知られているが、その保有率は低いものの100以上の犬種で見られる。こうした多犬種に見られる疾患は、オオカミから犬に家畜化された初期のころに遺伝子の変異が起き、多くの犬種に受け継がれたと考えられる。一方で柴犬以外では報告事例がほとんどない「GM1ガングリオシドーシス」は、柴犬という犬種を作った後に遺伝子変異が起きている。「すべては人によるセレクションの結果だ」と大和教授は言う。

「歴史」のなかに限った話ではない。現在進行形で、消費者の嗜好（しこう）が影響を与えもする。

前出の筒井敏彦・日本獣医生命科学大学名誉教授は、この数年で明らかに減らせている疾患があると指摘する一方で、「特定の犬種、猫種のブームが起きると、業者がその品種の数を増やすことに集中し、健康な子犬・子猫を繁殖するという原則から外れていく心配がある。無理に（発症はしないが原因遺伝子を持つ）キャリアの犬猫を繁殖に使うようなリスクも高まる」と話す。

犬では、プードルやチワワ、ダックスフントなど特定の犬種に人気が集中する状況が続いている。そのなかで、たとえばチワワでは最近になって、「神経セロイドリポフスチン症（NCL）」の発症事例が散見されるようになっているという。NCLは運動障害や視覚障害などの脳機能障害を起こして死ぬ疾患で、有効な治療法はない。これまではボーダーコリーで発症する事例が多かったが、繁殖業者側の対策が進み、ほとんどみられなくなっていた。

「チワワではキャリア率が1～2％になっていて、注視している。チワワの販売頭数でこの確率だと、原因遺伝子を持つチワワはかなりの頭数にのぼる。ブームで数多く繁殖することで、遺伝性疾患が顕在化しやすくなる事例の一つといえるだろう」（大和教授）

別の犬種・猫種の組み合わせから生まれたいわゆる「雑種」であれば、それぞれに特有の原因遺伝子を受け継いで発症するリスクは減るとされるが、予期せぬ遺伝性疾患が出たり、組み合わせによってはかえって深刻な結果を招いたりすることもある。

最近では様々な犬種・猫種をわざと掛け合わせ、一代限りの雑種を繁殖して「ハーフ」や「ミックス」と呼び、ペットショップなどが販売する事例も増えている。組み合わせによっては純血種よりも高値が付き、人気を集める。

だがたとえば、短足が人気のマンチカンと折れ耳が人気のスコティッシュフォールドの組み合わせについて、元日本大学教授の津曲茂久氏（獣医繁殖学）は「一番望ましくない交配だ」と断じる。マンチカンも軟骨無形成症という骨形成に問題が出る遺伝性疾患を持っており、骨軟骨異形成症を抱えるスコティッシュフォールドと組み合わせることで、より深刻な骨の病気を起こすリスクがあるという。「繁殖業者や飼い主は、見た目のかわいさだけで犬猫を選択しないことが重要だ」（津曲氏）

津曲氏によると、英国や米国では、繁殖業者をたばねる血統登録団体が中心となり、親の遺伝子検査の結果をデータベース化するなどして対策を進めている。特に英国では犬について、疾患によっては、検査法が確立してから2～4年で12～86％、8～10年では約90％も原因遺伝子の保有率（変異率）が減っていて、「ブリーダーと飼い主の意識の高さがうかがえる」と話す。

解決策はやはり親の遺伝子検査ということになるわけだが、津曲氏は「日本では、減らせるはずのものがなかなか減らない。業者の意識も問題だが、買う側のニーズが最大のネックになっているのでは」と指摘する。

繁殖業者は結局、「高く売れる犬猫」を「なるべく多く」繁殖しようという誘惑には、勝てないものなのだ。

大和教授もこう話す。「ブームを作り出す消費者の意識が、遺伝性疾患が増える根源となっている。消費者は自分の嗜好が市場を作りだし、犬猫の値を決めている自覚を持ってほしい。消費者が知識を持ってくれたら、事態は改善されていくはずだ」

あとを絶たない購入時の健康トラブル

一部のペットショップチェーンが子犬・子猫の生体管理に力を入れる一方、全体で見れば、ペットショップで犬や猫を買ったら病気にかかっていた——といったペットに関するトラブルはあとを絶たない。犬の推計飼育数が減っているとペット業界関係者が危惧するなかにもかかわらず、たとえば国民生活センターに寄せられる相談件数は高止まりしている。

「先天的な形成異常である頭部頸椎接合部奇形（ＣＪＡ）と診断しました。水頭症、頭蓋骨形成不全、環椎軸椎不安定症（ＡＡＩ）などを併発していますが、治療のすべがない」

大学付属動物病院でそう獣医師から告げられ、東京都三鷹市に住む会社員の女性（35）は頭が真っ白になったという。２０１４年5月、大手ペットショップチェーンの店舗に何度も足を運んだ末、約30万円で購入した雌のチワワ。自宅に迎えてから、重大な先天性疾患が明らかになったのだ。

2歳になっても、1日のほとんどをケージのなかで過ごさせるしかない。12時間おきに薬を飲ませる必要もある。治療費の負担は重い。ペットショップとの話し合いで「犬を返却していただき、購入額を返金します」と提案されたが断った。女性はこう話す。

「お金がほしいわけじゃない。病気の犬を繁殖させたり、売ったりしている業者がいることが許せない。犬にも命があるのに、そのことを軽く見られているのが悔しく、悲しい」

国民生活センターには15年度だけで、ペット店などで購入した動物に関する相談が前年度比5％増の1308件寄せられていた(16年5月15日集計)。その大部分が「買ったら病気にかかっていた」などペットの健康にまつわる内容だったという。

「年1千超という相談件数は、各種相談のなかで目立って多い。状況が改善されないまま、相談件数が高止まりしている

購入後に水頭症などの疾患が判明したチワワ（飼い主提供）

のは問題だ。トラブルが減らないため、購入時に病気の有無や保障内容についてよく確認するよう呼びかけている」（国民生活センター相談情報部）

トラブルが訴訟に発展するケースもある。埼玉県本庄市の会社経営者の男性（61）は2014年12月、愛知県に本社を置き全国展開するペットショップチェーンを相手に、購入した猫に先天性疾患があったとして、治療費や慰謝料の支払いを求める訴訟を起こした。

近所のホームセンター内の店舗で、男性が雄のロシアンブルーを購入したのは14年7月。埼玉県川口市にある動物病院の院長名で出された「健康診断書」も一緒に受け取った。診断書は「耳（耳道内）」「心臓（聴診）」など13項目中12項目について「異常なし」とし、「陰睾（いんこう）」は「未確認」となっていた。

ところが「ぽんず」と名付けたその猫を購入した当日、近所の動物病院に連れて行くと「胸の中央部分が陥没している。獣医師であれば気付かないはずがない」と診断され、検査をして漏斗胸（ろうときょう）であることがわかった。漏斗胸は多くの場合が先天性。重症

購入してすぐに漏斗胸だとわかったロシアンブルー。ミミダニの寄生も確認された（飼い主提供）

化すれば呼吸障害を起こす。

ペットショップの店長からは、「同じようなのでいいですよね。取り換えます」と言われた。男性は納得がいかず、チェーンの経営者に謝罪を求めると、役員から電話で「裁判してもらって構いません」と告げられた。男性はこう話す。

「家族として迎えた子を、この会社は、まるで鍋や皿のように考えている。経営者は謝罪もしない。そういう姿勢を直してほしいと思った」

大阪府堺市に住む公務員の男性（44）の場合、同市のペットショップで購入した雌のパピヨンに、先天性の心臓病である動脈管開存症（PDA）が見つかった。特徴的な心雑音が発生するので、聴診だけでほぼ診断がつくとされる病気だ。

ペットショップ経営者は犬の販売価格など約10万円を返金し、「（提携している）動物病院が健康だというので販売した」と話した。男性がペット店から渡された同市の動物病院発行の「健康診断証明書」には確かに、「先天性疾患の有無」という項目も含め、すべてが正常であるとしていた。

男性は12年5月、動物病院を相手に手術費分など約50万円の賠償を求めて提訴した。

「家族になった以上、何があっても一生面倒を見るのが当然。先天性疾患だからといって、見捨てることはできない。獣医師には誠実な対応をしてほしかった」と振り返る。

一審は勝訴したものの二審で逆転敗訴となり、最高裁に上告したが棄却された。判決では「ショップから依頼された獣医師が、子犬の心臓を注意深く聴診すべき注意義務を負うとはいえない」と告げられた。

動物関係の法律に詳しい細川敦史弁護士は言う。

「生体販売の現場において獣医師の関わり方が形式的なものになっている。13年9月に施行された改正動物愛護法で、獣医師の果たすべき役割はより重くなった。消費者保護のためにも、獣医師にはより高度な職業倫理が求められていいと考える」

命とコストの問題

そもそも、ペットショップなどで販売される犬猫に健康トラブルが減らないのはなぜなのか。前出の経営者の男性が訴えたペットショップチェーン側の弁護士は、準備書面で次のように主張していた。
▽被告には胸骨陥没という認識はなかった
▽健康診断において、獣医師から本件猫に異常はないと診断されており、獣医師でも

見逃す場合がある先天性疾患を、被告従業員が判断するのは難しい

▽ペットショップではペットをゲージ内で飼育保管しており、ゲージ内での運動量に限りがあるため、被告従業員らが本件猫の呼吸促迫や喘鳴（ぜいめい）に気付かなかったとしても不思議ではない（原文ママ）

▽犬猫といった愛玩動物（特にペットショップで販売される犬猫種）は、人間の好み（都合）に合わせて小型化したり新種をつくるために交配合を繰り返し、また、突然変異種を純血種とするなど、人の手によって血統が維持・左右されていることから、人間によって出生が左右される血統種愛玩動物の宿命として、雑種よりも、先天性疾患を持つ個体が必然的に発生しやすい

▽ペット購入時にはわからなくても、先天性疾患に起因して購入後に個体が死んでしまったり、重篤な先天性疾患が見つかったりすることも希（まれ）ではない

つまり、ペットショップのショーケースのなかにいては確実な健康管理ができず、またそもそもペットショップで販売される犬猫には先天性疾患が多くて当たり前である、という趣旨の主張をしているのだ。

前出の犬の遺伝病などを専門とする新庄動物病院の今本成樹院長はこう話す。

「健康な子犬や子猫を作るのがプロの仕事のはずなのに、現実には、見た目のかわい

さだけを考えて先天性疾患のリスクが高まるような繁殖が行われている。大量に販売する現場では、簡単な健康チェックしかなされず、疾患を抱えた子がすり抜けてくる。そして、病気の子はあまり動かないので、ショップの店頭では『おとなしい子です』などという売り文句で積極的に販売される。消費者としては、様々な疾患が見つけやすくなる生後3カ月から半年くらいの子犬や子猫を買うことが、自己防衛につながるでしょう」

まじめに生体の健康管理を行っている会社は少なからずある。

ただ当然ながら、多くの獣医師を社員として雇用したり、いったんすべての子犬や子猫を1カ所に集めてから流通させたり、また繁殖業者に直接指導をして遺伝性疾患の発生を抑制したり、といった取り組みには、相応のコストがかかる。

そこまでのことができるペットショップチェーンは大手でも一部であり、またそもそも中小規模のペットショップになると、実態はなおさらずさんになりがちだ。販売する犬や猫の健康トラブルを起こすような業者が一定程度を占めているというのが、残念ながら、現実なのだ。

第3章

12年改正、あいまい規制が犬猫たちの「地獄」を生む

「金網」のなかの犬たち

「うちの犬たちは不幸です。私から見てもかわいそうです」

犬の繁殖業を営む女性はそう話し始めた。

関東地方南部のその繁殖業者のもとに、2017年から18年にかけて複数回、私は足を運んだ。100匹を超える犬を詰め込み飼育する、典型的な繁殖業者。その考え方や犬への思いを改めてしっかりと聞き取るためだ。

女性が、私鉄沿線の住宅街で繁殖業を始めたのは20、30年前だという。最初は数十匹ほどの繁殖犬を用意して営業を始めたが、いつの間にか増え、いまでは約150匹の繁殖犬を抱えている。

飼育施設のなかに案内されると、犬たちの甲高い鳴き声に包まれた。30平方メートルほどの広さに、50～70センチ四方の金属製のケージが所狭しと積み重ねられている。すべてが3段重ねで、一つのケージに1、2匹ずつ犬が入れられている。

「狭いスペースのなかでなるべく多くの犬を飼育しようと考えるのが、ブリーダーの常識です」と女性は説明する。以前は3、4匹ずつケージに入れていたが、犬同士のケンカが起きることから1、2匹ずつに改めたという。

犬たちの足元は金網になっている。金網の下にトレーが敷かれ、そこに糞尿が落下する仕組みだ。従業員は女性やその家族を含めて10人もいない。子犬も含めれば常時200匹近い数の犬の面倒を見るには、こうした飼育環境にせざるを得ないと話す。

「犬たちは1日3回くらいウンチをする。金網じゃないと犬が汚れてしまう。体重の重い犬は、外を歩いていないのにパッド（肉球）が固くなったり、座りダコができたりするけど、犬の脚のことまで考えられない」

ただ、犬たちの衛生状態には気を配っていると言い、毎日5〜10匹ずつシャンプーしていると説明する。この際、シャンプー対象の犬たちはケージから出され、建物内の一部を動き回ることができる。つまり犬たちは1カ月に1度程度だけ、ケージの外に出られる。

「元気に生かしてなんぼだから」と言い、何か問題があれば動物病院に連れて行く。エサも高価格帯のものを与えているという。

こうして常に20〜30匹程度の子犬が産まれている状態を作りだし、子犬が生後50日になると、取引先のペットショップに出荷する。一部の子犬は自店で直接販売したり、競り市（ペットオークション）に出品したりもする。

子犬を出荷するタイミングが早すぎることは、理解している。

「子犬はペットショップに行くと、夜は従業員がいないなかで1匹だけで過ごすことになる。だから本当は、体つきがしっかりしてきて、ご飯も1匹でちゃんと食べられるようになる生後60日くらいのほうがいいに決まっている」

だがコストや出荷価格を考えると、２０１２年に成立した改正動物愛護法が規制する下限の生後50日で子犬を出荷せざるを得ないという。

「いまは何でも小さいのがもてはやされる世の中ですから。体が大きくなると値段が落ちてしまう。特に小型犬以外の犬種だとそれが顕著で、市場（競り市）での落札価格は10万円くらい変わってくる」。改正動物愛護法が施行される以前は、生後36日前後で出荷するのが当たり前だったという。

犬たちに生活を支えられている自覚はある。「私たちは犬に生かされている。心から感謝している」と、繰り返し話す。それでも狭いケージに入れっぱなしで飼い、無理やり交配させ、母犬からさっさと子犬を取り上げる――。

「かわいそうという気持ちは常に消えない。十分にわかっている。だから最低限のことはやっているのです」。主に繁殖用の雌犬について、早めに引退させることなどにこだわりを見せる。

繁殖業者のなかには、母体がボロボロになり、繁殖能力が衰えるまで繁殖を続けさせるところが少なくない。そうなってから引退させても、もう、犬らしい生活を楽しむことは難しい。だからなるべく早く引退させて、普通の家庭で幸せになってほしいのです」。引退させた犬たちは動物愛護団体に譲渡し、新たな飼い主を探してもらっているという。

女性なりに最善を尽くしている一方で、同業者の劣悪な飼育事情を見聞きすることも多いと、眉をひそめる。ある繁殖業者は、脚に問題があって売れない子犬を、動物病院に持ち込んで安楽死させようとした。

また別の繁殖業者は、不要になった繁殖犬を「埋めてるんだ」と話した。女性が「どうやってるの?」と尋ねると、「農薬使ってんだよ」と明かしたという。

繁殖犬の早い引退をすすめても、耳を貸そうとする同業者はほとんどいない。「8歳くらいならぜんぜん平気だよ」と話し、犬が歩けなくなっても繁殖させ続け、「年を取った犬を使い倒す」繁殖業者は少なくない。

ケージや施設内をほとんど掃除せず、毛や糞尿だらけの環境で飼っている繁殖業者もいる。犬種がわからないほど汚れていたり、体中に毛玉ができたりしたまま放っておく繁殖業者もいる。女性はこう話す。

「犬はお金になって、それで生活していけるから仕事を続けているのだろうけど、劣悪な飼育環境で繁殖を続けているブリーダーは本当にやめてほしい。そもそも、そういう劣悪なブリーダーを、行政はしっかり取り締まるべきです。また市場も、出入りしているブリーダーをすべて検査したうえで、出入りできる基準を厳しく決めればいい。そのうえで、私たちブリーダーは次の段階にいかないといけない。私自身は、できることはやっているつもりですが、ほかに改善できることがあるなら直したい。どうすればいいのか、国や行政に教えてもらいたい」

「骨抜き」にされた改正動物愛護法

2012年9月、動物愛護法が改正された。1973年9月に議員立法で制定されて以来、3度目の改正だった。

動物愛護法は5年に1度見直すよう附則によって定められている。前回、05年6月に2度目の改正が行われてからちょうど5年が経った10年6月、見直しのための議論が始まった。改正の最も大きなテーマは、繁殖業者やペットショップなど動物取扱業者の適正化だった。環境大臣の諮問機関である中央環境審議会動物愛護部会の小委員会では、動物取扱業者が引き起こしている虐待飼育などの社会問題を解決するため、いかに規制を強化していくかについて議論が進んでいった。

この間に東日本大震災が発生したため改正作業は遅れ、12年6月に入ってようやく、当時与党の民主党と野党だった自民党、公明党による与野党実務者協議が始まった。当時は消費増税関連法案の審議が長期化。ほかの法案の審議がほとんど進まない状況にあった。そうしたなかで与党が目指していた動物取扱業者への規制強化法案は、「骨抜き」状態にされていった。

結果として、3度目の法改正は、動物取扱業者への規制強化という観点からは、きわめて不十分なものになってしまった。その詳しい顛末については拙著『犬を殺すのは誰か　ペット流通の闇』（朝日文庫）で詳述した。

２０１２年改正の最大の焦点だった、欧米先進国の多くで常識になっている幼すぎる子犬・子猫の心身を守るための「8週齢（56日齢）規制」は、ペット業界の都合のいいように、「49日齢規制」にとどまった。少しでも幼いうちに販売する方が「かわいい」とされ売りやすく、飼育コストも抑えられるため、ペット関連の業界団体が8週齢規制の導入に反対してきた結果だ。

また、中央環境審議会動物愛護部会が求めていた、繁殖業者やペットショップの飼育施設や繁殖回数などに関する「数値規制」は全く盛り込まれなかった。消費者に衝動買いを促しやすい「命のバーゲンセール」とも称される移動販売も禁止されなかったし、多くの動物愛護団体が求めていた犬猫の繁殖業者を「登録制」から「許可制」に変更するという改正もなされなかった。

さらには、業者が、売れ残ったり繁殖に使えなくなったりした犬猫を山野に捨てたり、闇で殺したりすることを防ぐために設けられた「終生飼養の確保」については、第22条の4で「終生飼養の確保を図らなければならない」というように書かれた。つまり、繁殖業者やペットショップなどの業者が自ら、売れ残った犬や猫を最期まで飼うよう定めているわけではない。業者は、結果として自分たち以外の誰かが、たとえば動物愛護団体などが、最期まで飼ってくれるための処置や計画を考えればいい、という内容になっている。売れ残った犬や猫を捨てたり処分したりしている業者に対して、ほとんど実効性のない条文になったと言える。

また、これまで多くの業者が売れ残りの子犬・子猫や繁殖を引退した犬猫を、各地の自治体に引き取らせていた。これを、自治体は拒否できるようになった。ただ、犬猫を持ち込んできた人物に対して、業者であるか否かの確認は自己申告だったり、口頭での確認だったりで、自治体の引き取りの現場で実際にどの程度拒否できるのかは不透明だ。後述するが、虚偽の報告をして犬を引き取らせようとする事案も発生することになる。

結果、生体（せいたい）の流通・小売業（ペットショップ）を中心とする大量生産・大量消費（販売）・大量遺棄というビジネスモデルは温存された。第1種動物取扱業者への規制が不十分なものになってしまったツケは、すぐに顕在化する。

犠牲のうえのペットビジネス

埼玉県内で起きた「事件」が、最初のあらわれだった。

２０１３年10月をかわきりに、翌年7月まで断続的に、さいたま市内のある公園にチワワばかり累計33匹が捨てられる事件が起きたのだ。ほとんどが成犬で、うち３匹は発見時に既に死んでいたという。埼玉県内ではほかにも、別の場所で数件、純血種の犬がまとめて捨てられる事件が発生していた。

14年10月31日、今度は栃木県内を流れる鬼怒（きぬ）川の河川敷で、純血種の小型犬の成犬ばかり45匹の死体が発見された。この事件はテレビや週刊誌で大きく報じられ、「犬の大量遺棄事件」として世間の関心を集めることになった。

鬼怒川で大量の犬の死体が発見された翌日、宇都宮市内で動物病院を開業している獣医師は、栃木県警から死体の採血を依頼され、動物の死体引き取り業者のもとに出向いた。ずらりと並べられた犬たちの死体を見て、その獣医師は怒りがわくのを止められなかったという。

「これだけの数の犬の死体を見ることは、獣医師でもそうはない。死体の様子から、劣悪な管理下で飼われていたことは明らかだった」

血液は既にジャム状になっていた。通常の方法では採血できず、3匹から心臓を摘出することになった。1匹にはフィラリアが寄生していた。ほとんどの犬の腹はガスが発生してふくれていた。さわってみると、痩せてあばらが浮いていて、栄養状態の悪さがうかがえたと、獣医師は証言する。

爪は伸びきっており、散歩をしてもらっていた形跡はなかった。普通に飼えばできるはずのない毛玉に覆われている犬もいた。歯の状態からは、だいたい5歳前後の犬たちと推定された。

後日、同県那珂川町内で見つかった27匹の死体もあわせて遺棄したとして、廃棄物処理法違反などの疑いで栃木県警に逮捕されたのは、同県那須塩原市内に住むペット

鬼怒川の河川敷に遺棄された犬たちの死体（動物愛護団体提供）

ショップ関係者の男2人だった。愛知県内の繁殖業者から引き取った犬たちが運搬中に死んだために遺棄したと、警察の調べに対して話したという。

男らは、犬80匹を引き取る見返りに、繁殖業者から100万円を受け取ったとも供述している。繁殖業者は、繁殖業をやめるため犬たちが不要になったと、男に引き取りを依頼したという。犬たちは引き取った当初は皆生きていて、愛知県内で2トントラックの荷台に、三つの箱にわけて入れられ、積み込まれた。男らの自宅のある栃木県に向かって戻る途中、箱をのぞいてみると、すべてが死んでいた。獣医師は憤りを隠さない。

「エサをもらう程度の世話しかされていない。繁殖業者によって、子犬を産ませる道具として扱われていたのだろう。こういう人間たちが動物の命にかかわっていいわけがない。怒りと憎しみがわく」

宇都宮区検は14年12月9日、逮捕された男2人を廃棄物処理法違反、河川法違反、動物愛護法違反の罪でそれぞれ宇都宮簡裁に略式起訴した。同日、ひとりに罰金100万円、もうひとりに罰金50万円の略式命令が出された。

この年は埼玉、栃木、その後も佐賀、山梨、群馬——と、全国で犬の大量遺棄事件が相次いだ。死体の状況などからいずれも、ペットショップや繁殖業者など、犬を売買することを生業とする第1種動物取扱業者によるものだとみられている。動物愛護法の改正によって、自治体が、売れ残った犬猫や繁殖に使えなくなった犬猫を引き取ってくれなくなった。そういった犬猫の持って行き場に困って捨てた。シンプルだが、あまりに残酷な構図が浮かび上がった。

犬の流通・小売業（ペットショップ）というビジネスモデルは、第2章で述べたように30、40年ほど前から急激に成長を始めた。純血種の子犬を大量に仕入れ、大量に店頭に展示し、大量に販売するペットショップというビジネスモデルである。そのビジネスモデルを支えるため、生産業者としてパピーミル（子犬工場）が必要となり、競り市も整備されていった。つまり「大量生産」「大量消費（販売）」という構造があり、そのためにこれまで、そしていまも「大量遺棄」が起きているのだ。

近年では猫もこのビジネスモデルに乗せられてしまっていることは、第1章で書いた通りだ。

整理しておくと、業者による遺棄は次のような構造によって発生する。子犬（子猫）工場は「設備（繁殖用の犬・猫）」の改廃が必要で、「不良品（競り市で落札されないなど市場に出せない子犬・子猫）」の処分がつきもの。子犬・子猫という在庫を抱えてビジネスをする流通・小売業者の販売現場では、売れ残った「不良在庫」の処分が生じる。大量に消費させるためにショップは衝動買いを促すから、消費者（飼い主）による安易な遺棄を誘発している要素があることも見逃せない……。

つまり犬や猫を捨て、犬や猫を殺すことでいびつな発展を遂げてきたのが、生体の流通・小売業を中心とする日本のペットビジネス、という側面が厳然として存在する。2012年8月に議員立法によって行われた動物愛護法改正は、こうしたビジネスモデルそのものにはメスを入れず、温存してしまった。

その一方で動物愛護法第35条の改正によって、自治体は繁殖業者やペットショップからの犬猫の引き取りを拒否できるようになった。犬猫の大量生産、大量消費というビジネスモデルが温存されたまま、業者は不要な犬猫の「出口」を一つ失った。犬たち、猫たちの悲劇の背景には、こうした構造がある。

2015年11月15日には、ペット関連の業界団体が作る「ペットとの共生推進協議会」が主催するシンポジウムで、一般社団法人「ジャパンケネルクラブ」理事長の永村武美氏がこんな発言をしている。

「急激に規制強化が行われると、（犬の）大量遺棄、廃棄ということが必然的に起こってくる。ブリーディングができなくなっても、それを保健所で引き取ってもらえなくなった。どうしたらいいのか、もう知恵の出しどころがなくて、大量廃棄、遺棄をするということになる」

横行する「回しっこ」、闇ビジネス「引き取り屋」

大量遺棄が横行する一方で、業者間で売れ残りの犬猫や繁殖用の犬猫を転用・転売しあう、一部で「回しっこ」と称される商行為も活発化した。

高崎市動物愛護センターに「自分の敷地内に犬が捨てられていた。飼えないので引き取ってほしい」などと虚偽の通報をし、2015年1月、群馬県警に逮捕された繁殖業者の男がいる。この男の場合、虚偽通報で同センターに引き取らせようとしていた計11匹の雌犬を、回しっこによって入手していた。

同センター指導管理技士の大熊伸悟氏によると、犬たちは、もともと群馬県太田市内の繁殖業者のもとで繁殖に使われていた。その後、高崎市内の別の繁殖業者が犬たちを取得。そこからさらに、逮捕された男のもとへと流れてきた。

男はもともと日本犬の繁殖業者だった。業容を拡大しようと、チワワやシーズーなどの洋犬に手を出した。ところが、その犬たちが、繁殖に使えるような健康状態ではなかった。前出の永村氏の言葉を借りれば、「知恵の出しどころ」の一つとして、繁殖に使えないような年齢、体調になった犬たちが「ババ抜きのババ」のように扱われている実態がそこにはある。

「繁殖用に譲ってもらったがあまりにひどい状態だったため、困ったらしい。この男の場合は行政に引き取らせようとしたから判明したが、業者の不要犬の多くは業者間を巡り巡ってどこかにいってしまい、実態がわからない」(大熊氏)

第1種動物取扱業者への規制強化が不十分なものとなったために、犬たち、猫たちを巡る「闇」はさらに深さを増した。

栃木県内の大量遺棄事件で逮捕された、ペットショップ関係者の男。この男は実は、犬猫の「引き取り屋」という、一般には聞き慣れないビジネスを営んでいた。事件は死んだ犬たちの大量遺棄として発覚したが、問題の根は、男が営む引き取り屋というビジネスにあった。前述の通り男は、愛知県内の繁殖・販売業者から100万円を受け取って犬80匹を引き取っていた。それらの犬を運搬中、結果として多くを死なせてしまったのだ。

そもそも動物愛護法は、「引き取り屋」というビジネスを想定していなかった。こ

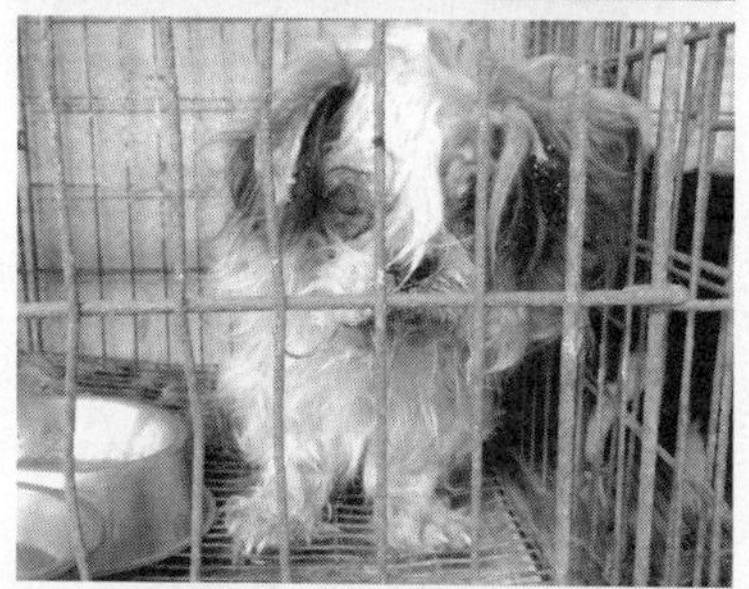

栃木県矢板市で営業する犬猫の「引き取り屋」。引き取られた犬猫の多くが、この環境で一生を終える（動物愛護団体提供）

うしたことから、行政の監視、指導の手は届きにくい。
「（栃木県で大量遺棄事件を起こした男が）犬の引き取り屋をしていたことを把握していなかった」（栃木県動物愛護指導センター）
「そういう業者がいるかもしれないと懸念しているが、把握できていない」（群馬県動物愛護センター）
埼玉県の橋谷田元・県生活衛生課主幹も言う。「栃木県で起きた大量遺棄事件の犯人が逮捕されて初めて『引き取り屋』という業態があることを知った。動物愛護法第35条の改正で、業者は引き取り先を探すのに苦労しており、闇でこういう商売が出てきているのだろう。潜在的にいくつもあるのかもしれないが、把握するすべがない」

「僕みたいな商売……、必要でしょう」

引き取り屋とはどんなビジネスなのか——。引き取り屋ビジネスの実態を探るため2014年1月、15年3月、16年8月の3回にわたり、私はある引き取り屋を訪ねた。
栃木県矢板市内の最寄りのインターチェンジから車で数分も走ると、コンテナやプレハブが雑然と並んだ一角が現れる。入り口で声をかけると、初老の男性が姿を見せた。後に動物愛護法違反（虐待）と狂犬病予防法違反（未登録・予防注射の未接種）の容疑で栃木県警に書類送検されることになる、白取一義氏だ（動物愛護法違反については不起訴処分）。

2度目に訪ねた時、白取氏は時間をかけて引き取り屋ビジネスについて語った。

「僕が引き取りやってるのをペットショップや繁殖業者が知っていてね。依頼を受けて犬や猫を引き取っている。お金をもらって」

建物からはひっきりなしに犬の鳴き声が聞こえてくる。白取氏に案内されてプレハブのなかに足を踏み入れると、犬たちの吠え声につつまれた。会話もままならない。放置されたままの糞尿のにおいで、息をするのが苦しい。犬たちは小さなケージに入れられ、足元は金網。ケージには犬の毛がびっしりとからみついていて、多くが3段重ねにされている。なかには2匹一緒に入れられ、ほとんど身動きできない状態の犬たちもいた。

圧倒的に犬が多いが、猫たちの部屋もあった。猫もケージに入れられたまま。爪が伸びっぱなしで何重にも巻いてしまっている猫や、皮膚病でかきむしったのか流血している猫がいて、ほとんどがじっとうずくまっていた。

白取氏は栃木、群馬、茨城、千葉など関東各地のペットショップ、繁殖業者から依頼の電話を受けて出向き、犬や猫を引き取っていた。埼玉県内の競り市（ペットオークション）に行き、「欠点」があって売れ残った犬や猫を引き取ることもあるという。

「週に1、2回は必ず電話があって、どこかに出向いている。1回あたり5～10頭、多い時は30頭くらいを引き取る。昨日は繁殖業者から7頭引き取った。その繁殖業者は『皮膚病になって、それはもう治ったんだけど、治るまでの間に生後何カ月にもなっちゃった。市場（競り市）では売れないから持って行って』って言っていた」

こうして敷地内に、常に150匹以上の犬を抱えていると説明する。白取氏も含めて3人で犬の面倒を見ており、「毎日、掃除して、すべての犬を運動させている。売れそうな犬がいれば、繁殖業者や一般の人に5千～2万円くらいで販売する。無料であげるのもいる。死んじゃう犬は年間30、40頭くらい。みんな寿命」と主張し、栃木県動物愛護指導センターにも同様の報告をしていると話す。

白取氏の手元には小型犬だと1万円、中型犬だと2万円、大型犬だと3万円が引き取り料として入ってくる。猫は5千～1万円程度を取る。買い手が見つかりにくい6、7歳以上だとその倍の料金を取ることもある。白取氏はこう話す。

「ショップからもよく電話がかかってくるよ。ショップの場合はだいたい5、6カ月以上の子犬を引き取ってほしいと言われる。ペットショップの店頭には20万、30万で売れる新しい犬を置いたほうがいいと、賢い社長はわかってるんだよね。でもバカな社長は、大きくなってしまっても、1万、2万でもいいから売ろうとする。僕はそういうバカな社長には『新しい犬をどんどん入れろ。5、6カ月の犬は俺のところに持ってこい』って言ってる。殺さないで、死ぬまで飼う。僕みたいな商売、ペットショップや繁殖業者にとって必要でしょう」

驚くべきことに、栃木県動物愛護指導センターは、白取氏のビジネスを容認してきた。たとえば2014年6月、同センターは事前に連絡したうえで立ち入り検査をしている。だが、「特に問題はないと認識している」と実際に検査に入った県の担当者は取材に答えている。

一方で動物愛護団体の依頼で現地を確認した獣医師は、適正飼育から大きく逸脱した状況だったと指摘する。「換気できる窓が見あたらず、全体に薄暗くて十分な採光が確保されていない。いずれの建物も、鼻をつくような糞尿のにおいが充満しており、犬たちが暮らすケージに清掃の形跡は見られなかった。脚に糞を付着させている犬も多くいて、長毛種では犬種が判断しがたいほど全身が毛玉に覆われ、四肢の動きが制限されている犬も確認した。皮膚炎や眼病などの可能性がある犬がいたが、適切なケアが行われている様子はなかった」

このような環境で飼育されている犬たちがどうなってしまうのか。私が朝日新聞に引き取り屋のことを初めて書いたのは２０１５年３月24日付朝刊だ。記事には、14年冬に動物愛護団体が内部の様子を撮影した写真を添えた（次ページ上の写真）。同じ動物愛護団体が15年12月に再び、この引き取り屋の様子を確認、撮影した。そうしたところ、記事に掲載した写真に写っているパピヨンと見られる犬がまだ、せまいケージに入れられたまま飼育されていた。その様子が写っているのが、次ページの下の写真だ。被毛の状態がかなり悪く、四肢や臀部（でんぶ）については脱毛も見られる。この写真が撮影された際、動物愛護団体とともに内部を確認した獣医師はこう話す。

「記事に載った写真に写っていたパピヨンと見られる犬は、皮膚炎にかかっているのになんの治療もなされていませんでした。あの環境ですから、ノミやダニなどの感染からは逃れられません」

このパピヨンも含め、散歩など適切な運動をさせてもらっていないことが明らかな犬がほとんどで、なかには獣医師による治療が必要な状態の犬も少なくなかった――と指摘する。いくつかの事例をあげる。

爪が伸びっぱなしで、毛玉に覆われている犬。

3月24日 火曜日 朝日

栃木県中部にある「犬の引き取り屋」の様子
師は「鼻をつくような汚物のにおいが充満し
は見られなかったという＝2014年

2015年3月24日付朝日新聞朝刊

2015年12月、動物愛護団体撮影

精神疾患の一つである、常同障害の症状が出ている犬。

緑内障のため、眼球が突出している犬。

既に、目が見えなくなっている犬。

さらには、狭いケージの床面は金網状になっているため、前脚が湾曲したり、後ろ脚が骨格異常を起こしていたり、という犬たちも……。列挙していけばキリがないほどに、悲惨な状態だった。獣医師は言う。

「狭いケージに入れられたまま、適切に管理されずに飼養されているために、犬たちはボロボロの状態でした。猫も数多くいて、巻き爪が肉球に食い込んでいる子や、耳の後ろをかきむしったために肉が露出している子もいました。しかもケージには糞尿が堆積(たいせき)しており、本当に最悪の環境。動物愛護法に違反しているのは明らかでした」

白取氏は2016年4月、公益社団法人「日本動物福祉協会」から刑事告発された。告発を受けた栃木県警は捜査をすすめ、同年10月に動物愛護法違反と狂犬病予防法違反容疑で、宇都宮地検大田原支部に書類送検した。

栃木県警によると、白取氏は15年12月10日～16年2月1日の間、犬や猫を飼育する施設の清掃や汚物処理を十分に行わず、犬10匹と猫5匹を皮膚病などに感染させ、虐待した疑いがあったという。また、白取氏は16年4月5日～5月4日の間、犬1匹に狂犬病の予防注射を受けさせなかった狂犬病予防法違反（未登録・予防注射の未接種）の疑いもあったともする。栃木県警は白取氏について、起訴を求める「厳重処分」の意見を付けた。

17年7月27日、栃木県大田原簡裁は白取氏に狂犬病予防法違反（未登録・予防注射の未接種）の罪で10万円の罰金を支払うよう命じた。

動物愛護法を巡っては、繁殖業者やペットショップなど第1種動物取扱業者に対して、地方自治体が法律を適切に運用しようとしない事例が散見されてきた。引き取り屋の白取氏については栃木県警が書類送検した後も、栃木県動物愛護指導センターはこの業者の第1種動物取扱業登録の更新を認めるなどしており、行政による業者の取り締まりが有名無実化している実態が改めて浮き彫りになった。

その原因を、行政職員の多くが「動物愛護法には具体的な数値規制がないことが大きい」と指摘する。

効果なき行政指導と問題業者の継続

数値規制なき動物愛護法の「あいまいさ」が、行政指導の現場に混乱をもたらしている事例は全国で相次いだ。

「ケージについては（中略）狭いと云うことはない」

「どこをどの様に改善するべきか毎週来ていただいてもアドバイスが出ていないので当方全く理解していない」

ケージの大きさや構造、従業員数が不適切だとして2015年4月、東京都から動物愛護法に基づいて1カ月間の業務停止を命じられた東京都昭島市のペットショップ「パピオン熱帯魚」。命令が出る直前に、ペットショップの経営者が東京都に提出した「弁明書」に記されていた文言だ。

東京都はこの業者に対し、記録が残っている07年度以降、計60回の口頭指導と計5回の文書指導を行っているが結局、根本的な改善が見られないまま業務停止命令を出すことになった。経営者の弁明書と命令に至るまでの経緯からは、東京都による指導が効果的に行われてこなかった現実が透けて見える。

このショップは10年以上も前から、ペットの管理状況を問題視されてきたが、東京都は問題を実質的に放置してきたと言える。

15年に入ってパピオンの内情を確認した日本動物福祉協会の町屋奈・獣医師調査員は「ケガをしている猫が放置されていた。壁一面に置かれた水槽のために日中でも自然光が入らず、犬猫ともに爪は伸び放題。長期間、ネグレクト型の動物虐待が行われていたことは明らか」と話す。

東京都が動物愛護法に基づいて1カ月間の業務停止命令をパピオンに出した際、担当者は「昨年5月下旬から苦情が寄せられるようになったのが処分の端緒」とした。しかし東京都は、ずっと以前から実態を把握していた。前述の通り、記録に残っているだけでも07年度以降、繰り返し指導を行っていたのだ。指導内容には、業務停止命令の根拠となった、飼育施設の大きさや構造についても含まれていたという。

パピオンは12年度に動物取扱業の登録を更新しているが、その前年度に6度の口頭指導、12年度にも8度の口頭指導などが行われていた事実もある。それでも東京都は「登録基準に適合していたから登録を更新した」（原口直美・環境衛生事業推進担当課長）。

これだけの問題業者がなぜ長く営業を続けてこられたのか。東京都環境保健衛生課は当時の状況について、「飼育施設などの数値規制がなく、指導内容がわかりにくかったところはある。数値規制があれば、明確な数字で指導や処分が出せた」とした。

あいまいさが招く悲劇

福井県は2017年11月以降、犬猫約400匹に対して従業員が2人しかいなかった県内の繁殖業者を問題視し、繰り返し立ち入り調査を行ってきた。世話が行き届かず、ネグレクトなどの虐待につながることを懸念したほか、清掃する場所を減らす目的で犬猫を狭いスペースに入れっぱなしにしていたことも重く見たという。

この繁殖業者の施設に県職員とともに立ち入った地元ボランティアらによると、飼育されていたのはチワワやフレンチブルドッグ、ミニチュアピンシャー、柴犬など小型犬が中心。これら繁殖用の犬猫たちは狭いスペースに、すし詰め状態で入れられていたという。

17年12月時点では、約400匹の犬猫を管理するのに従業員は2人しかおらず、エサは1日1回しか与えられていなかった模様だ。病気やケガをしている犬に対して適切な処置が行われていた様子もなく、施設内は「強烈なアンモニア臭で、マスクをしていても鼻をつく状態だった」(地元ボランティア)。狂犬病の予防注射も受けさせていなかったという。

福井県は、犬猫の数を減らすか従業員を増やすかするよう指導を重ねてきたというが、「動物愛護法にはあいまいな表現しかない。従業員1人あたりの適正な飼育数に関する基準がなく、数字を示しての指導ができない。一つのケージに2、3匹の犬が入っている状況が動愛法違反にあたるのかどうかの判断も県にはできない」（県医薬食品・衛生課）として、実質的には放置に近い状態だった。

日本動物福祉協会はこの業者について、動物愛護法違反（虐待）などの疑いで18年3月1日に刑事告発した。福井区検は同年7月、この業者の代表者（当時）だった40代の男を狂犬病予防法違反で略式起訴したが、福井地検は虐待容疑については不起訴とした。

静岡県でも問題が起きた。静岡県焼津市内の県道沿いに立つ戸建て住宅。18年7月中旬に訪ねると、その敷地内に甲斐犬の成犬が24

福井県内の繁殖業者のもとで、ブロック塀で囲まれたスペースにすし詰め状態で飼育されている繁殖用の犬たち。足元は金網になっていて、その下には糞尿がたまっていた（日本動物福祉協会提供）

匹、多くがケージに入れられたまま取り残されていた。

所有者は、70代半ばの一人暮らしの男性。これらの甲斐犬を使い、長く繁殖業を営んでいた。地元紙などに広告を出し、1匹16万円ほどで甲斐犬の子犬を販売していたという。男性のほかに従業員はいない。ところが18年6月下旬、男性は転倒して、そのまま入院してしまった。親族によると、意思疎通が図れない状態が続いた。

こうした事態を受けて、親族から相談された同市内のNPO法人「まち・人・くらし・しだはいワンニャンの会」が動いた。

7月上旬に同NPO法人のメンバーらが現場に足を踏み入れた。すると、大きめのケージには2匹ずつ、身動きもままならない小さなケージには1匹ずつ、犬たちが入れっぱなしになっていた。足元には糞尿。生まれたばかりの子犬5匹のうち2匹がすでに死んでおり、続けてもう1匹がすぐに死んだ。動物病院に運び込まれた残りの2匹にもたくさんのノミやダニが付着していて、貧血状態だった。

同NPO法人は親族とともに成犬たちの世話にあたったが、警戒心が強く、ケージ内の掃除や散歩はままならない。首輪を付けたことがない犬がほとんどのため、当初はケージの外からエサや飲み水を与え、ホースで水をまいて糞尿を洗い流すのが精いっぱいという状態だった。7月下旬になり、多くの犬になんとか首輪を付けられ、一部はケージ外に係留できるようになったという。

同NPO法人の谷澤勉理事長は「犬たちにとって、かなり厳しい状態が続いている。犬の所有権を親族の方に移したうえで譲渡に努めていきたいが、24頭もの甲斐犬に新しい飼い主を見つけてあげることは、かなりハードルが高い。こうなる前に、行政は適切な監視・指導ができなかったのだろうか」と話した。

この繁殖業者の男性は、倒れるまでは適切に飼育管理をしていたと、静岡県衛生課動物愛護班では見ていた。「年に1回は定期的な立ち入り検査をしており、第1種動物取扱業の登録更新も行われている。現場の判断としては問題なかった」(県動物愛護班)とする。

だが、70代の高齢者が1人で、20匹を超える、豊富な運動量が求められる中型犬の世話を適切に行うことは、一般的にはかなりの困難をともなう。ケージも、甲斐犬の体長・体高では身動きを取るのが難しいサイズのものが少なからず使われてい

静岡県内の繁殖業者。甲斐犬にとって十分とはいえない大きさのケージで飼育されていた。一部の犬はケージから出せず、排泄もケージ内でさせるしかない状態だった(筆者撮影)

た。

また、13年に施行された改正動物愛護法で犬猫等販売業者に義務づけられた「終生飼養の確保」の観点からも、疑問が残る。男性は、策定と順守が義務づけられている「犬猫等健康安全計画」に「自分で終生飼養する」という趣旨の文言を記入していたというが、若い犬では1歳の犬もいた。日本人男性の平均寿命や健康寿命を考えると、終生飼養ができなくなるリスクをどう受けとめていたのか……。

静岡県でもこれらの問題は把握していた。だが、やはり動物愛護法のあいまいさが、指導のネックになっていたという。静岡県動物愛護班は、犬猫等販売業者に対する指導の難しさを打ち明ける。

「ブリーダー（繁殖業者）に限らず、高齢者による犬猫の飼育について、飼育放棄につながりやすいなどの問題があることは理解している。しかし動物愛護法では、犬猫等販売業者に対して、飼育頭数についての具体的な数値規制を設けていない。そのため今回のような状況でも、『飼育頭数を減らせ』という指導はできず、本人の意思に任せざるを得なかった。ケージの大きさについても、狭ければ当然問題なのだが、やはり具体的な数値規制が動物愛護法にない。これも、感覚だけで判断するしかないのが現実なのです。犬猫にとっても業者にとっても、適切な飼育環境を実現できるよう指導していくことが、行政の仕事。それなのに、現行の動物愛護法ではそれが難しい。環境省にはできるだけ速やかに、ケージの大きさや従業員1人あたりの上限飼育数などについて、具体的な数値規制を定めてもらいたい」

なぜ犬猫は死ななければならないのか

劣悪な飼育環境に置かれることで、命を絶たれていく犬猫もいる。

朝日新聞の調べで、日本では繁殖から小売りまでの流通過程で、毎年約2万5千匹もの犬猫が死んでいることがわかっている（原則として死産を含まず）。売れ残りや繁殖からの引退、感染症などその要因は、ビジネスのあり方に直結している。

これほど多くの犬猫が死ななければいけない背景をさらに探るため、２０１７年１月までに、私はある大手ペットショップチェーンが作成した、仕入れた子犬・子猫の死亡リストを入手。獣医師らの協力を得て分析を行った。

入手したのは、２０２４年時点で全国約２２０店を展開するＣｏｏ＆ＲＩＫＵの社内で作成された22カ月分（15年4月〜17年1月）の死亡リスト。同社が仕入れた子犬・子猫のうち死んだものが月ごとに記されており、社内では「Ｄ犬リスト」と呼ばれている。

月によって若干の違いはあるが、死んだ子犬・子猫について、展示販売していた店舗名▽仕入れ日▽仕入れたペットオークション（競り市）▽種別▽性別▽病状や治療経過、などが記入されている。

15年10月以降のリストには仕入れ数に占める死亡数の割合「Ｄ犬率」も示されており、割合が最も高かったのは２３０匹が死んだ16年8月で６・０％。平均は３・６％だった。これらのリストを公益財団法人「動物臨床医学研究所」の獣医師らに分析してもらった。

すると「下痢・嘔吐（おうと）」や「食欲不振」が死につながっていると見られるケースが目立った。Ｄ犬率が最高だった16年8月では66匹が「下痢・嘔吐」、61匹が「食欲不振」の症状を見せていた。

感染症が広まっている状況も見て取れた。月によって傾向はかわるが、たとえば15年4月は、死んだ子犬84匹のうち42匹が「パルボウイルス感染症」と見られる症状を発症。また16年8月に死んだ子犬１８９匹については「ケンネルコフ（伝染性気管支炎）」が疑われる症状が17匹で見られた。

猫では「猫ウイルス性鼻気管炎（ＦＶＲ）」や「猫伝染性腹膜炎（ＦＩＰ）」と見ら

れる症例が冬の期間に目立った。

同研究所理事長の山根義久獣医師は「明らかに感染症にかかっているとわかる症状がこれだけ出ているのには驚いた。繁殖と流通の段階で衛生管理が行き届いていないのではないか」と指摘する。

一方で、同社で子犬・子猫の健康管理に携わっている獣医師は、取材にこう証言した。「必死に治療をしているが、店舗に入ってくる段階で既に状態が悪すぎる子が多いのが現実。私たちとしては、繁殖業者の段階で健康管理を徹底してもらいたいと思っている」

山根獣医師はさらに、特に暑さや寒さが厳しい時期の輸送や一部のペットショップでの飼育環境に問題があるのではないかと見る。「下痢や嘔吐、食欲不振が多いのは、それらの要因が子犬・子猫にとって大きなストレスになっているためだと考えられる」

環境省の推計などによると、国内で販売される犬猫のおよそ6割は、繁殖業者→競り市→ペットショップ→消費者という経路で流通している。またチェーン展開するペットショップの場合は、競り市で仕入れた後にいったん流通拠点に子犬・子猫を集約し、その後に各店舗に配送するのが一般的だ。つまり子犬・子猫は、生後まもない時期に3、4回、車や飛行機による移動を経験する。

死亡リストとは別に、Ｃｏｏ＆ＲＩＫＵの北海道内の店舗が札幌市に提出した２０１４年度の「犬猫等販売業者定期報告届出書」も入手した。子犬は７・99％、子猫は４・39％もの死亡率だった。同社の流通拠点である「生体管理センター」は埼玉県内にあり（当時）、北海道内にはごく小規模な競り市しか存在しない。

同社に、健康管理の状況について取材を依頼し、５項目の質問を送ったが、同社社長室長からは「ご質問につきまして、当社も創業以来愛護の精神に沿った取扱い、管理等を日々努力しておりますがまだまだ至らぬ事も有ると思います。（中略）詳細についてのコメントは差し控えさせて頂きますので宜しくお願い申し上げます」（原文ママ）と回答があった。

第1章で紹介した、朝日新聞で14年度分から毎年度行っている調査では、「犬猫等販売業者定期報告届出書」を回収している自治体にその合計数などを尋ね、集計を行っている（各年度とも回収率１００％）。21ページでグラフを示しているが、その集計から判明した、繁殖から小売りまでの過程における犬猫の死亡数は次の通りだ。

２０１４年度　犬：１万８５１７匹　猫：４６６４匹　合計：２万３１８１匹
２０１５年度　犬：１万９８６６匹　猫：５０８８匹　合計：２万４９５４匹

２０１６年度　犬：１万８６８７匹　猫：５５５６匹　合計：２万４２４３匹
２０１７年度　犬：１万８７９２匹　猫：５６７９匹　合計：２万４４７１匹
２０１８年度　犬：１万９７６３匹　猫：６４８６匹　合計：２万６２４９匹
２０１９年度　犬：１万８９８５匹　猫：７１４８匹　合計：２万６１３３匹
２０２０年度　犬：１万８４１３匹　猫：７２０６匹　合計：２万５６１９匹
２０２１年度　犬：１万７２１４匹　猫：７３９４匹　合計：２万４６０８匹
２０２２年度　犬：１万５９９５匹　猫：７６６５匹　合計：２万３６６０匹

この9年間の合計は、22万3千匹余りにのぼる。

犬猫等販売業者定期報告届出書に記す死亡数には「原則として死産は含まない」（環境省動物愛護管理室）。また繁殖用の犬猫で繁殖能力が衰えて引退したものは「販売または引き渡した数」に含まれるため、同じく死亡数としてカウントされない。しかも、すべての犬猫等販売業者（繁殖業者およびペットショップ）が提出の義務を守っているわけではないため、実際の数はこれよりも多くなる。

それでも、毎年2万5千匹前後という数に達する。この流通過程における犬猫の死亡数は、全国の自治体による殺処分数（22年度は1万7241匹。負傷動物を含む）

をゆうに上回る。

政治家が救える命

動物愛護法が適切に機能していないなかで2014年8月28日、「犬猫の殺処分ゼロをめざす動物愛護議員連盟」の設立準備会が行われた。

動物愛護法は附則で、「施行後5年を目途として、新法の施行の状況について検討を加え、必要があると認めるときは、その結果に基づいて所要の措置を講ずるものとする」と定められている。12年に改正され、13年に施行されて以降、次第に「次の改正」に向けた機運が高まっていった。

改正論議の本格化を前に、長く動物愛護法に関わってきた、編著書に『ペット六法』などがある吉田眞澄弁護士はこんな指摘をしていた。この章のまとめとして、紹介する。

「動物愛護法では飼い主に、適切に動物を飼育するよう様々な責務を課し、その動物が命を終えるまで面倒を見るよう求めています。業者が飼い主に対して『飼いやすい犬猫』または『終生飼養しやすい犬猫』を提供できるかどうかは、飼い主が責務を果たせるかどうかに大きく影響します。繁殖業者やペットショップへの規制は、この動物愛護法の趣旨に照らして考えていかなければなりません。

したがって動物を提供する業者は、たとえば、先天性疾患や犬種・猫種特有の疾患の発生を抑えなければいけませんし、感染症も防がなければいけません。飼い主との信頼関係が築けるような状態で、子犬や子猫を販売しなければいけません。しつけや訓練のしやすさを担保することも必要でしょう。

このように考えると、飼育施設や管理体制についての数値規制が検討されなければならない、8週齢規制を導入すべきだ——など、業者への規制強化が必要だということになります。ただ、環境省が8週齢規制に対して消極的な姿勢を示している現状を見ると、環境省は業者への規制全般についてやる気がなさそうです。また、ペット関連の業界団体が、これまでの規制強化の流れに対して『揺り戻し』を図ろうとしている様子も目につきます。

今後、日本において動物福祉を手厚くしていくためには、政治家がこれまで以上にしっかりと考えていかなければいけないでしょう。一方で消費者も、犬猫などのペットを購入する際には、飼い始めた後の生涯コストを考えるべき時期にきていると思います。種に特有の病気にかかる可能性が高い、かみ癖などの問題行動がある、といった性質をもって販売されている犬猫を飼うことで生じるコストは、そうでない犬猫を飼うコストと比べて大きな違いがあることは明らかです。消費者は業者についてしっかりと情報収集をするとともに、心身ともに健康で飼いやすい犬猫に価値を見いだし、選択していくという行動をとることが、これからは求められます。

中長期的には、消費者金融が規制されてきたのと同じように段階的に、現在のペットショップ（生体の流通・小売業）を中心としたペット販売の仕組みを、ブリーダーが予約注文制で消費者に直接販売していく形に変えていく必要があるのではないかと考えます」

第4章

19年改正、8週齢規制ついに実現

環境省は抵抗勢力？

２０１２年改正では附則によって「骨抜き」になった「8週齢規制」と、飼育施設や飼育管理にかかわる「数値規制」の導入が、次の動物愛護法改正の焦点になった。ペット業界は強固に抵抗。政治家への働きかけを強め始めた。環境省も、吉田眞澄弁護士が指摘したように、8週齢規制に「消極的な姿勢」を示し、数値規制の導入についてもどこか「やる気がなさそう」な対応が目に付いた。動物愛護団体のなかには、環境省こそがペット業界とそれを支援する政治家の意を体した、規制強化への「抵抗勢力」ではないか――という見方まで広がった。

「抵抗」の最初の兆候は、16年の早い段階であらわれた。

16年1月31日付の朝日新聞朝刊で、私は「犬猫、生後8週までは親元に　札幌市、『飼い主の努力義務』全国初の条例化へ」という記事を書いた。法律では「骨抜き」になった8週齢規制について、札幌市が条例によって「努力義務」にしようとする先進的な取り組みについて報じたのだ。

その直後のことだった。環境省から札幌市に対し、こんな内容の電話が入ったという。「科学的根拠もないのに、なんでこんな条例を作るのか。全国の課長会議があるからそこで説明を」

電話の主は環境省動物愛護管理室の今西保室長補佐。「全国の課長会議」とは、この電話の数週間後、16年2月22日に東京・三田の三田共用会議所で開催される予定だった「都道府県・指定都市・中核市　動物愛護管理行政主管課長会議」のこと。環境省の今西氏は唐突に電話をかけてきたうえ、札幌市に条例の根拠をただし、ついで全国の動物愛護行政に携わる課長級職員らが集まる会議の場で、条例についての説明をするよう札幌市に求めてきたのだ。

札幌市の関係者は、「高圧的な電話で、電話を受けた側の札幌市としては、条例に8週齢規制を盛り込むことについて『再考しろ』『科学的根拠を示せるものなら示してみろ』と言いたいのだと感じた」と振り返る。しかも、ほとんど準備期間がないなかで急に重要な説明をさせられることについて、「『見せしめ』にされるのではないかという懸念を抱いた」とも言い、こう指摘する。

「その後の展開を考えれば、環境省はこのころから、8週齢規制を実現させないためのシナリオを描いていたのではないか」

こうした情勢を受けて、札幌市議会での条例案の審議を前にした２０１６年2月19日、東京・永田町の衆院第2議員会館で「札幌市動愛条例の『幼い犬猫守る条項』を応援する緊急院内集会」が開催された。集会には獣医師などの有識者や国会議員、動物愛護団体の代表ら約１４０人が参加。動物愛護法で「８週齢規制」を導入する意義やその早期実施の必要性などを訴えた。札幌市が環境省から「条例についての説明」を求められた、課長会議が開かれる3日前のことだった。

集会ではまず、俳優の浅田美代子さんが「子犬たちを親と一緒に最低でも8週齢までは過ごさせてあげないと、問題行動を起こす犬が増える。札幌市のこの条例が各地へと広がっていってくれたらと思います」と発言。超党派の「犬猫の殺処分ゼロをめざす動物愛護議員連盟」（会長＝尾辻秀久参院議員）に所属する国会議員からは、札幌市の条例制定の動きを受けて、動物愛護法において8週齢規制を早期に実施すべきだという発言が相次いだ。

獣医師や法律の専門家から、8週齢規制を早期に実現すべきだという根拠や、札幌市の条例に関する見解などについても発言があった。日本獣医師会の前会長、山根義久・動物臨床医学研究所理事長は自身の経験や人間の脳重量の発達状況などを踏まえながら、「56日（齢規制）は当たり前のことなのに、日本では『経過措置』があってまだそうなっておらず、驚いている。欧米では、四十数日で離すと犬や猫にとって良くないから、56日にしている。日本のように、四十数日で離す良さはいったいどこにあるというんでしょうか？　早急に札幌市の条例を立ち上げていただき、それが日本全国津々浦々に広がってほしい」と述べた。

16年2月22日、課長会議の当日。会議が始まる直前になって環境省は、札幌市に「今日は説明をしなくていい」と告げてきた。私は会議の終了後、当時の環境省動物愛護管理室長・則久雅司氏に、札幌市への対応についてただした。則久氏は今西氏が札幌市に電話をかけたことを認め、「（今西氏の電話での）聞き方が厳しかったところはあるようだが、条例を制定する根拠について説明を聞きたかっただけだ」と話した。

「札幌市動物愛護管理条例案」は16年3月29日、同市議会で可決、成立した。その後、埼玉県三郷市でも同様の趣旨の条例が制定された。

8週齢規制導入の「科学的知見」

8週齢規制は、繁殖業者やペットショップによって販売される幼い子犬・子猫の心身の健康を守るための規制だ。ひいては、飼い主のもとに買われていった後に、よりよい共生関係を築くことにつながっていく。子犬・子猫が生まれた環境で適切な社会化期を過ごすことで成長後の問題行動を予防し、免疫力を高めてから出荷・販売することで感染症のリスクを減らす効果がある。後述するように、消費者の「衝動買い」を抑制する効果もあると見られている。

このため動物福祉の取り組みや法制度が進んでいる米、英、ドイツ、フランスなど欧米先進国の多くでは、8週齢規制はなんらかの形で導入され、常識となっている。

ところが日本では、2012年の動物愛護法改正により、本則では「8週（56日）齢規制」が定められたが、附則で16年8月までは「45日」、それ以降は「別に法律で定める日」まで「49日」と読みかえられてしまった。つまり、7週（49日）齢規制にとどまってきた。日本でも8週齢規制を導入するか否か――その大きな論点になったのが「科学的知見」だった。

世界的に見ると2010年代に入って以降、8週齢規制の必要性や効果を裏付けるような研究・論文がいくつも発表されていた。

まず子猫については、8週齢規制ではそもそも不十分だという研究が発表されている。ヘルシンキ大学などのチームによる17年の論文だ。この研究チームは、子猫について、問題行動を起こす確率は「8週齢より前に分離された猫のほうが12～13週齢で分離された猫よりもかなり高い」と指摘。さらに、「14～15週齢で分離された猫は、12～13週齢で分離された猫よりも、常同行動を起こすリスクが相対的に低い」として、「家庭で飼われている猫の福祉をより改善するために、14週齢での分離を推奨する」とする論文を発表した。

子犬については、ペンシルベニア大学生物学部教授などを務めた米国獣医行動学専門医のカレン・オーバーオール博士が、13年に発行した著書『Manual of Clinical Behavioral Medicine for Dogs and Cats』で、生後8週より前に親きょうだいから引き離された犬は、無駄吠えや散歩中の怯え、音に対する過剰反応、おもちゃへの独占欲、破壊行動などがより多く見られることがわかっていると指摘。そのうえで、「このことは、子犬を8週齢よりも前に、きょうだいや、母犬の影響を受けられる環境から分離したり、新しい家庭に連れて行ったりすべきではない、確固たる証拠である(This is some of the strongest evidence that dogs should neither be separated from their litters and the influence of the dam nor adopted into a new home before 8 weeks of age)」としている。

私はさらに、オーバーオール博士とメールでやり取りをした。19年3月から4月にかけてのことだ。

複数回のやり取りのなかでオーバーオール博士は、「犬には、他の犬からの教育が必要であり、彼らの脳は最初の数カ月で非常に急速な変化を遂げます。一つを除くすべての論文が、犬を8～8・5週齢まで産まれた環境で飼育することを支持しています。そのことにより、家族のいる安全な環境で、新しい世界に対処する方法が学べるからです」と断じた。

また、イタリア・ミラノ大学などの研究チームは11年、イタリアで動物病院を通じて集めた140匹の犬について、問題行動と分離時期の関係を調査した結果を論文にまとめている。生後60日以降に分離された子犬と生後30～40日で分離された子犬とを比較すると、「早く分離されたほうが問題のある行動を示す可能性がより高かった」と結論づけた。さらに、ペットショップで購入された生後60日以降に分離された犬と生後30～40日で分離された犬との比較では、早く分離されたほうが、相当に高い割合で一部の問題行動を示す可能性が高かったとし、「ペットショップと早期分離の組み合わせが、犬の社会性に大きく影響する可能性がある」と指摘する。

バルセロナ自治大学などの研究チームは、スペインの動物病院で家族への攻撃性が認められた犬について調査。17年に「誕生から7週齢の間（from birth to 7 weeks of age）に親元から引き離された犬は、7週齢の後（after that age＝8週齢以降）に引き離された犬よりも、家族への攻撃性を示す傾向が強かった」とする論文をまとめた。

海外の研究・論文に限らない。日本国内でも、一般社団法人「日本小動物獣医師会」が13年に「改正動物愛護管理法に関連する犬猫幼齢動物の取り扱いについての調査」をまとめている。この調査は、日本小動物獣医師会の会員獣医師4196人にアンケートを行ったもので、761人が回答している。

調査結果を見ると、「犬猫幼齢動物を親から引き離す好ましい日齢」としては「60日齢」と答えた獣医師が最も多く49・4％。次いで「90日齢」が13・8％だった。回答を平均すると「63・5日齢」となり、「56日齢以降」が好ましいとする獣医師の割合は81・3％にのぼっていた。

さらに、「犬猫幼齢動物を親等から引き離す日齢が早すぎたための悪影響の有無」を尋ねると、「有る」と答えた獣医師が99・2％だったのに対し、「無い」は0・8％にとどまった。

ワクチン接種と8週齢規制の必要性

免疫学の観点からも8週齢規制の必要性は指摘されている。

世界小動物獣医師会（WSAVA）は「犬と猫のワクチネーションガイドライン」で、受動免疫（つまり母からの移行抗体）は、「多くの場合、8〜12週齢までには能動免疫（ワクチン接種）が可能なレベルに減弱する」とし、「6または7週齢でワクチネーションを開始した場合、接種の間隔を4週とすれば初年度コースのコアワクチンの接種回数は4回となるが、これを8または9週齢で開始し、接種の間隔を同じ4週にした場合には、必要な接種回数は3回のみとなる」ことから、8〜9週齢で1回目の混合ワクチン接種を行うよう推奨している。「ワクチン接種は異物を体内に入れる行為で、副反応が出る可能性もある。接種回数は当然、少ないほうがいい」（北里大学獣医学部の宝達勉教授［伝染病学］）のだ。

たとえば米国・MSDアニマルヘルス社の混合ワクチンの案内書では、「（コアワクチンは）8〜9週の子犬に3〜4週間隔で3回接種、1年後に追加接種、以後3年以上に1回の接種を推奨」などと説明をする。

宝達教授は、母親からの移行抗体とワクチン接種の時期の問題からいえば、14週齢までは免疫的に無防備な状態なので、そもそも14週齢より前に集団で子犬がいる場所に連れて行くべきではないと指摘しつつ、こう話す。

「8～14週あたりが移行抗体もなくワクチン抗体もない感染危険期となる。ワクチン接種によってこの期間をいかに短くするかが重要となる。移行抗体の推移を考えれば、8週齢で1回目のワクチン接種をしてから出荷するのであれば、まだ良い。7週齢だと移行抗体が残っていてワクチンの不応答期にあたる可能性が高く、抗体価が高まらない子犬の割合が多くなる」

また第3章で触れた繁殖から流通・小売りの過程において毎年約2万5千匹もの犬猫が死んでいることに関連して、公益財団法人「動物臨床医学研究所」の山根義久理事長は「現行の動物愛護法では、生後49日を過ぎれば子犬・子猫の販売が可能になるが、ちょうど免疫力が低下しているころだ。そんなタイミングで大規模な流通システムに乗っけられていることには問題があると言わざるを得ない。このことも、死亡数がこれほどの数にのぼる原因の一つではないだろうか」と指摘している。

8週齢規制に「科学的根拠」があるのかどうか

こうしたなか、環境省は8週齢規制に「科学的根拠」があるのかどうか、5年で約1億1千万円も費やして、新たな調査を始めた。それが、麻布大学獣医学部の菊水健史教授（動物行動学）に委託した調査・解析だった。

菊水教授による調査・解析の結果を、専門家らによって検討する場として用意されたのが、環境省が立ち上げた「幼齢犬猫の販売等の制限に係る調査評価検討会」だった。座長は西村亮平・東京大学大学院農学生命科学研究科教授（獣医外科学）。第1回検討会（2017年9月27日）の終了間際、西村教授は次のような発言をして、この検討会の「判断基準」は「有意差があるかどうか」であることを明らかにした。

「最近の統計学では有意差の考え方が少し変わってきているらしいのですが、今回は標準的な統計解析を用いて判断しますので、有意差のある、なしが大きな判断基準になります。従って、有意差がないけれど、差があるという話は極力しないようにしたいと思います。この前提がないと統計をやる必要がなくなってしまいます。有意に差があるかどうかを、評価の基準にしようということです」

菊水教授の調査・解析の結果が明らかになったのは17年12月15日だった。この日、東京・霞が関の経済産業省別館にある会議室で行われた第2回「幼齢犬猫の販売等の制限に係る調査評価検討会」。その場には、わざわざ米国から招いたペンシルベニア大学獣医学部のジェームス・サーペル教授の姿もあった。

菊水教授の調査は、環境省の請負業務として行われたもの。ペットショップや繁殖業者などで作る業界団体「全国ペット協会（ＺＰＫ）」に加盟する店舗で子犬や子猫を購入した飼い主にアンケートを行い、犬４０３３匹分、猫１１９４匹分の有効な回答を得て、その結果を解析した。

すると、販売する子犬を生まれた環境から引き離すのは、生後7週目より8週目以降のほうが、成長後にかみ癖など問題行動を示す割合が減ることがわかった。繁殖業者から生後50～56日で出荷された子犬と、生後57～69日で出荷された子犬を比べると、成長後の「見知らぬ人に対する攻撃性」や「家族への攻撃性」などの問題行動の程度に「有意な差があることが証明された」（菊水教授）という。

また猫についても、繁殖業者から生後50～56日で出荷されたものと、生後57～68日で出荷されたものを比べると、成長後の見知らぬ人や新奇なものへの恐怖・不安や興奮について、その程度に有意な差があることがわかった。

犬では二つの解析結果で有意差が見られ、猫では二つのうち一つの解析結果で有意差が見られたという。

菊水教授は取材に、「統計的に、引き離し時期を8週齢以降にすることによって問題行動の程度に差が出ることが明らかになった。ただその差は小さかったため、犬が母胎内にいる時期や出生初期の環境、遺伝などが問題行動の発生に強い影響を持っている可能性も研究していく必要がある」と答えた。

不自然な検討結果

この検討会を受けて2018年1月25日、東京・霞が関にある環境省内の会議室で開かれた第46回中央環境審議会動物愛護部会において、「幼齢犬猫個体を親等から引き離す理想的な時期に関する調査の検討結果について」という文書が配布された。そこには、生まれた環境から引き離すタイミングによって、成長後の問題行動の程度に「有意差」があったことを認めながら、

「親兄弟から引き離す日齢（日齢3群の違い）と問題行動の発生の関係性は証明され

なかった」

とする「検討結果」が記されていた。しかもこの文言は太字で強調され、下線まで引かれていた。

そのすぐ下には、「検討結果」を導き出した「根拠」と受け止められる、次のような注記がなされていた。

「一般的に、決定係数が０・04以下は、統計学では『ほとんど相関がない』と解釈される」

さらに続けて、

「問題行動が起こる要因として日齢（日齢３群の違い）による影響はほぼ無いに等しく、考えられる要因としては、犬種、遺伝子、母体の状態、出生前や後の飼育環境等が複合的に絡んだ結果であるとの意見が出た」

とも、わざわざ記されていた。

菊水教授による調査・解析では、「遺伝子」や「母体の状態」、「出生前や後の飼育環境」などは対象になっていないばかりか、一方で「犬種」による傾向の違いについては、トイプードルなどごく一部の犬種についてのみほかの犬種と違う傾向が示されていたにとどまる。にもかかわらず「意見が出た」として、「検討結果」にあえて付言されていることは、不自然であると言わざるを得ない。

この後、「親兄弟から引き離す日齢（日齢3群の違い）と問題行動の発生の関係性は証明されなかった」という「検討結果」を導き出す根拠の一つとして使われた「決定係数が0・04以下は、統計学では『ほとんど相関がない』と解釈される」という文言が揺らいでいく。

存在しなかった「出典」

19年3月7日、環境省は、結論を導いた根拠の一つとして挙げていた「決定係数」と呼ばれる統計学上の数値の考え方について、「お詫（わ）びと訂正」をホームページ上に掲載した。「検討結果」に載せた「一般的に、決定係数が0・04以下は、統計学では『ほとんど相関がない』と解釈される」という注記に関して、訂正・お詫びをする事態になったのだ。

環境省はその前日の6日には、超党派の「犬猫の殺処分ゼロをめざす動物愛護議員連盟」にも「環境省資料の一部に不適切な表現が含まれていることが判明しました。お詫びするとともに訂正した資料をお届けいたします」として、同じ趣旨の資料を提出している。

実は超党派議連は、「検討結果」について環境省に詳細な説明を求めていた。「決定係数が0・04以下は、統計学では『ほとんど相関がない』」というのはいったい、何をもとに主張しているのか――と。

これに対して環境省は、「検討結果」を導いた根拠の一つとして挙げた「決定係数」と呼ばれる統計学上の数値の考え方について、放送大学のテキスト『社会調査の基礎』が「出典」だと超党派議連に文書で回答。環境省のホームページに載せた資料でも、この本を「出典」と明記していた。

ところが、実際はこの本に該当する記述はないことが、朝日新聞の調べでわかったのだ。

放送大学教育振興会が放送大学のテキストとして『社会調査の基礎』の初版を出版したのは1996年。続いて2001年に「改訂版」、15年に「新訂」が出版されている。このうち環境省が出典元であると説明してきたのは「改訂版」だが、いずれの版にも、環境省が動物愛護部会や超党派議連に示した「一般的に、決定係数が0・04以下は、統計学では『ほとんど相関がない』と解釈される」に関する説明は記載されていなかった。

新訂の著者である北川由紀彦・放送大学教養学部教授（都市社会学）はそもそも、「決定係数については一切取り扱っていませんし、言及もしておりません」。初版と改訂版にも該当する記述はなく、両版の著者である大塚雄作・京都大学名誉教授（教育心理学）は、「本で説明している係数は相関係数。データ分析において決定係数とは異なる目的、意味を持って使われる値だ。その相関係数について記した内容を、環境省は2乗して『引用』したのかもしれない」と指摘する。

確かに、「相関係数」を2乗したものは「決定係数」と呼ばれている。だが、両者はデータ分析において異なる目的、意味を持って使われる値。大塚名誉教授が担当した章では、二つのデータの関連度を表す「相関係数」の値の捉え方を、社会科学などの分野を想定して記述している。一方で「決定係数」は、ある複数の要因によって導き出される、ある結果の変動を、それらの要因によって相対的にどの程度説明・予測できるかをあらわす数値だ。「決定係数の意味するところを、相関係数と同じ表現で表すことは適当ではない」（大塚名誉教授）。

環境省は「直接的な引用ではない文献に対し、『出典』と表記」したと認め、本に出てくる用語や数字を独自に「変換」（同省）したと明らかにした。

出典が違っただけでなく、専門家の間では数字の評価そのものに疑問の声があがった。『統計は暴走する』（中公新書ラクレ）などの著書がある東京大学社会科学研究所の佐々木彈(だん)教授（経済学）は、「重要な政策判断の根拠を、とても引用とは言えない形で示すとは、きわめてずさんな行為だ。そもそも統計学の関係者の間で、『決定係数0・04以下』で線引きするという共通認識は存在しない。決定係数は、値が小さいからといって関係性がないと断言できたりする性格のものではない」と指摘する。佐々木教授は決定係数の評価の仕方を巡り、「喫煙は有害か？」という問題を例示する。「多くの人々は、『それは、ものすごく有害に決まっているだろ』と言うでしょう。国内で1・5万人、世界で700万人が毎年、喫煙関連疾患で亡くなっているのですから。でも、喫煙と寿命の『決定係数』は、思ったほど高くないのです。それはなぜか？と言えば、『他の要因に帰責すべき変動が非常に大きい』時には、決定係数は小さく出るからです。寿命を最も大きく左右する要因は、言うまでもなく『乳幼児死』です。乳幼児死の寿命への影響は、まるまる80年超。他方、喫煙の寿命への影響は、推定4～8年程度です。環境省の官僚氏は、これをもって『喫煙はほとんど害が無い』と主張する気でしょうか」

環境省が出典元とした『改訂版　社会調査の基礎』で該当章を担当した大塚名誉教授自身も、「決定係数は一つの目安に過ぎない。大きな決定係数が得られたとしても、意味のある説明につながらない場合も少なくないし、逆に、小さな決定係数でも意味のある関連性が潜んでいることも少なくなく、これらの値だけから結論づけるのはやり過ぎだ」と言う。

環境省動物愛護管理室は「捏造（ねつぞう）する意図はなかった。間違った。直接的な引用ではないのに『出典』としたのは不適切だった」とする。だが、政策判断の根拠の一つとなる統計学上のデータの扱いに大きな疑問符が付けられた。

佐々木教授は「意図的か否かはわからないが、環境省は調査結果の解釈をあやまっている」と言う。教授によると、人間や動物を対象とした調査では、それぞれの個体差の影響が大きく、決定係数が小さめに出ることは避けられない。そのため、今回のような犬猫を対象とした調査で見るべきは、有意差があったかどうかだという。佐々木教授は言う。

「菊水教授の調査・解析では有意差が得られている。普通に解釈すれば、８週齢規制は、犬猫の問題行動に対して一定の効果がある『薬』であると言える。サンプル収集の段階で繁殖業者やペットショップによるバイアスがかかりやすく、しかもサンプルによっては1日分しか違わない微少な差を比べるなかで有意差が出たという事実は、非常に重い結果だ。社会政策を考えるうえで大きな意味がある」

佐々木教授の指摘が、西村亮平座長の第1回検討会における「有意差のある、なしが大きな判断基準になります」という発言に符合していることは、注目に値する。

幼ければ幼いほど高く売れ、コストも減る

一方でペット関連の業界団体や自民党の一部議員は、環境省の「検討結果」を掲げ、8週齢規制導入への反対姿勢を鮮明にしていった。

振り返ってみれば、12年の動物愛護法改正時に8週齢規制に強固に反対したペット業界は、ペットショップや繁殖業者を対象に行ったアンケート結果を持ち出し、8週齢規制が実現すると繁殖業者の74・2%は「生産コストが増加する」、ペットショップの79・6%は「売り上げが減少する」などと訴えた。

要するに、効率よく収益をあげるために1日でも早く、法律で規制されているギリギリの日齢で、子犬や子猫を出荷・販売したいと、ペット業界は考えているのだ。

さらには、法規制があっても「49日齢を超えたとは思えないほど小さな生体が出荷

されてくることもある」(大手ペットショップチェーン関係者)という現実も存在する。これは、第6章で触れる、繁殖業者による「出生日偽装」につながる話だ。子犬・子猫は幼ければ幼いほど、高く売れる。それは、消費者がなるべく小さな子犬・子猫を好んで求めるためだ。

大阪大学大学院人間科学研究科の入戸野(につの)宏教授(実験心理学)は「幼い子犬、子猫が持つ、頭が大きくておでこが広く、体が丸々としているといった視覚的な特徴は、人に『かわいい』と感じられやすい。そうした見た目のかわいさは、心理的距離を縮め、強いプラスの感情を引き起こすので、衝動買いにつながる」と指摘する。だが、この衝動買いが不幸を招くことは想像に難くない。

かわいさだけにひかれて衝動買いをした。しかし実際に飼ってみて、糞やおしっこをする、かみつく、ひっかく、想像より大きく成長するなどの「害」が生じる。すると、プラスの感情は、心理的距離が近かった分だけ、強いマイナスに転じやすい——と入戸野教授は話す。「かわいさ余って憎さ百倍」というわけだ。ペットへのマイナスの感情が強まれば虐待や飼育放棄に結びつくこともある。

8週齢以降になれば、手脚やマズル(くちもと)が伸びてきて幼齢期特有のかわいさが減り始める。つまり8週齢以降にペットショップに陳列されるようになれば、衝動買いが抑えられ、「感情の反転」は起きにくくなると見込まれる。8週齢規制で期待されるのは、幼い犬猫に親元で適切な「社会化期」を過ごさせて問題行動を減らす効果だけではない、というわけだ。

入戸野教授の指摘を逆から見れば、ペット業界が8週齢規制に反対してきたのは、7日分の飼育コスト増を避けたいことに加え、「大きくなると売りにくくなる」と考えるためだということがはっきりとする。

8週齢規制に反対する国会議員

超党派の「犬猫の殺処分ゼロをめざす動物愛護議員連盟」はペット業界の強固な反対に屈しなかった。2018年5月16日、動物愛護法改正プロジェクトチーム（PT）の会合を開き、生後56日以下の子犬や子猫の販売を禁じる「8週齢規制」を柱とする動物愛護法改正に向けた「骨子案」を取りまとめた。その場で、PT座長を務める自民党の牧原秀樹衆院議員は「皆さんの思いをできるだけ受け止めた。すばらしい改正をおこないたい」と話した。

PTでは17年2月以降、12回もの関係者ヒアリングなどを経て、8週齢規制の導入を目指す決断をしたのだ。同時に、▽繁殖用の犬・猫の生涯の出産回数に上限を設定、▽飼育施設の広さなどについて数値規制を設定、▽従業員1人あたりの飼育数について上限を設定——するなど、各種の「数値規制」を定めることも改正骨子案に盛り込んだ。ここから、翌19年の通常国会での法改正を目標とする各党との交渉、ペット業界側と動物愛護団体側双方のロビー活動がさらに加熱していく。

私は、第1回「幼齢犬猫の販売等の制限に係る調査評価検討会」(17年9月27日)の直前、17年9月上旬に環境省幹部から「8週齢規制に反対しそうな国会議員」として2人の名前を聞いていた。「今回もまだ8週齢規制に反対する国会議員がいるんですか?」と尋ねた私に対して、その幹部は、こういう言い方で答えた。

「エンドウ先生とヤマギワ先生がかなり気にしている」

エンドウ先生とは、公益社団法人「秋田犬保存会」の会長を務める、日本維新の会の遠藤敬衆院議員。ヤマギワ先生とは、山口大学農学部獣医学科を卒業した獣医師でもある、自民党の山際大志郎衆院議員。このうち、ペット業界側のロビー活動が山際氏を軸に進んでいったことは、後に関係者らへの取材で明らかになるが、この当時から、山際氏の名前はペット業界側からも漏れ聞いていた。山際氏は「自民党どうぶつ愛護議員連盟」(会長＝鴨下一郎衆院議員)の幹事長も務めていることから、自民党として8週齢規制に反対してくる可能性も浮上した。

私は、超党派議連が改正骨子案を取りまとめた後、18年5月23日に山際氏と、自民党どうぶつ愛護議連の事務局長を務めていた三原じゅん子参院議員の2人に取材を申し込んだ。まずは動物愛護法の改正にあたって第1種動物取扱業者への規制についてどうあるべきだと考えているかなどを聞きたいと考えていた。

だが、山際氏については秘書から電話で「時間が取れない」などと取材を断られ、三原氏からは書面で「まだ議論の途上でありますので、現時点でのお答えは差し控えさせていただきたいと存じます」などと返ってきた。

その後、三原氏は、18年5月30日に「TOKYO　ZEROキャンペーン」の藤野真紀子代表理事らと面会。8週齢規制の早期実現を訴える藤野代表らに「8週齢（規制について）は議論がテーブルにも上がっていない。（自民党の）議連ではマイクロチップの義務化と、そのリーダー普及に向けた法整備に集中している。それで精いっぱいの状態だ」と突き放した。このことがインターネット上などで拡散、炎上した。その影響があったのかどうか。三原氏は19年に入ると「本則通り56日にしたほうがいい」などと発言するようになり、8週齢規制賛成派の立場を鮮明にした。

山際氏については、19年段階でも「抵抗感が強い。今回も（8週齢規制の実現は）難しいかもしれない」（与党議員）などと漏れ聞こえてきた。19年2月21日に改めて取材を申し込んだが、やはり秘書から「本案件に関しては、取材を一切受けておりません。ご了承くださいますようお願い申し上げます」などとメールが返ってきた。

8週齢規制ついに実現か

超党派の「犬猫の殺処分ゼロをめざす動物愛護議員連盟」は各党に改正骨子案について調整を投げかけていた。２０１９年が明けると、前向きな反応が返り始めた。

19年3月12日には、与党である公明党が「8週齢規制については、激変緩和措置を削除されたい」という方針を正式に表明した。公明党は同時に「地方自治体が事業者を適切に指導監視できるよう、順守基準の具体化を図られたい」、「悪質な事業者への指導監督が徹底されるよう、登録制を許可制とし、届け出制を登録制とするなど、規制強化を検討されたい」などと表明して、数値規制導入をはじめとする第1種動物取扱業者への規制強化を求める方針も示している。公明以外の各党からも8週齢規制や数値規制導入についての賛成方針が、続々と表明された。

ただ自民党と日本維新の会からは、年度末を過ぎても正式な反応がなかった。超党派議連は会長の尾辻氏と、動愛法改正ＰＴ座長の牧原氏を中心に、水面下で自民党内の説得を試みることになった。

そうして19年4月25日、東京・永田町の自民党本部で、「自民党どうぶつ愛護議員連盟」の総会が開かれる。この場で、「意思決定の参考にする」（同議連会長の鴨下一郎衆院議員）ため、動物愛護団体とペット関連の業界団体が複数参加して意見表明が行われた。

「動物環境・福祉協会Ｅｖａ」理事長の杉本彩さんや、「ＴＯＫＹＯ　ＺＥＲＯキャンペーン」代表理事の藤野真紀子さん、「動物との共生を考える連絡会」代表の青木貢一獣医師らが８週齢規制や数値規制の導入を求める意見を次々に述べたほか、公益社団法人「日本愛玩動物協会」の東海林克彦会長も「８週齢規制にかかわる暫定的措置（附則）を早期に解消して、名実ともに８週齢にしていただくのがいいと思っている」などと表明した。

一方で、ペット関連の業界団体幹部らは強い反対姿勢を示した。業界団体を横断的にまとめた「犬猫適正飼養推進協議会」会長の石山恒氏は、「母犬と子犬を離す週齢について、環境省が大がかりな調査を行いました。その結果、７週も８週も統計的に

は差が無いという結果が出ております。この調査で、最終的に何が最も影響している
かと言いますと、犬の遺伝子だとかあるいは犬種間の違い、それらの要素のほうが7
週、8週よりももっと大きな影響があるという結論になっています。いままでのよう
に7週で継続していただくのが一番いいのではないかと、我々は思っております。感
染症予防の観点からも7週でやっていただくのが一番正しいのではないかと思ってお
ります」などと主張。
「ジャパンケネルクラブ」の吉田稔副理事長も「(週齢)規制の問題点は、犬種等に
より成長などいろいろな差があるということが無視されている部分。それと56日齢か
49日齢かということについて、客観的に判断することができないという部分。ここに
規制の問題点があるということをご指摘したいと思います。その時にでは7週齢か8
週齢かということで言えば、私どもとしては、環境省のやられた検討結果で差が無い
と言われているので、7週齢とするのが妥当だと思っております」と表明した。
ただ、ペット関連の業界団体はもはや一枚岩ではなかった。8週齢規制賛成に回る
団体、幹部らが出てきていた。その象徴的な存在が、日本獣医師会顧問で、この日は
政治団体「日本獣医師連盟」委員長の立場で出席した北村直人氏だった。北村氏はも
ともと自民党衆院議員でもあり、自民党内への影響力を持つ。北村氏は獣医師の立場

からこう発言した。

「世界小動物獣医師会（ＷＳＡＶＡ）が推奨しているのは、母子免疫の低下後、８〜９週齢で１回目のワクチンの接種をするということです。我々獣医師は、できれば８週まで（子犬・子猫を）親元に置き、その後、業者の方々含めてワクチン接種をするのが望ましいというふうに考えています。総じて世界では、８週齢規制。８週でワクチンを接種後、飼い主の皆さんにお渡しをする、それが繁殖業者、あるいはペットショップの方々のプロとしての責務ではないのかなと考えています」

議連の事務局長を務める三原じゅん子参院議員が、「全国ペット協会（ＺＰＫ）」の小島章義会長に話を振った場面もまた、印象的だった。小島氏は前述の通り、ペットショップチェーン大手コジマの会長も務めている。

三原氏：小島会長にお聞きしたいなと思うのですが、８週齢を実施した場合に業界としては死活問題になるとか、そういうようなことは現実にあるのでしょうか？

小島氏：当会では、スタンスとしては、国の判断に基づき先生方がお決めになった法律に従うということを前提としてやっております。当会にはペット業を営んでいる理事が多くおりまして、その理事たちがこういう結果を出しているということは、死活問題にはならないという判断をしています。

参加した自民党議員らからも「この問題は国際的にも非常に注目されているので、国際的に通用している基準、これを法律で明記する、そのことが必要ではないかというふうに思う」、「国際的な常識ということで、早くしっかり体制を整えていただきたい」などと8週齢規制への賛成意見が相次いだ。

こうして、8週齢規制に関する自民党としての賛否は、議連会長である鴨下一郎衆院議員に「一任」されることになり、法改正に向けた動きはようやく加速した。なお山際大志郎衆院議員も議連幹事長として出席していた。

日本犬と洋犬は「異なる」

実はこの議連の総会では、この後の展開にとって非常に重要な意味をなす2人の人物も意見表明をしていた。それが、公益社団法人「日本犬保存会」の会長である岸信夫衆院議員（自民）と前述した「秋田犬保存会」会長の遠藤敬衆院議員（維新）だ。8週齢規制に反対する、総会での2人の主な発言内容を、ここに紹介しておかなければならない。

総会では最初に意見表明をしたのが岸氏だった。「環境省が検討した結果、日齢と問題行動の関係性というのは証明されなかった。すなわち立法事実がない」などと言い、1960年代の論文の内容を紹介。そのうえで、こう主張した。

「日本犬は洋犬と比較しますと、比較的原始的なDNAを維持している犬であります。早い時期に親から離して一緒に暮らすことによって、心がおだやかになって、人間の社会のなかで安定して暮らすことができるということであります。これは我々日本犬保存会、秋田犬保存会の会員の経験則でもございます。

　日本犬はブリーダーから直接購入するのがほとんどで、ペットショップ経由で販売される洋犬とは異なっていますので、飼いたいという人の意識、子犬に対する責任感、飼育に対する責任感も異なっております。飼育放棄や捨て犬、さらには殺処分に至るということも少ないと考えておるところであります。そうした状況において、8週齢というものが厳格にすべてに適用されるようになると非常に難しくなるのではないかという意見を持っております」

　遠藤氏は、石山氏らに続いて発言をした。日本維新の会の衆院議員だが、秋田犬保存会会長の立場で、自民党の議連の総会に出席したという。約40年、秋田犬の繁殖などに携わってきたことから「たぶんこのなかで、僕以上に犬やってる方はおられないと思います」と話したうえで、こう展開した。

「先週あたりの報道に、親子の関係が薄ければかみ癖が出るなど、行動がおかしくなるというふうに書いてありました。でもこれは逆なんです。人間と犬との調和が一番すべてで、犬同士の調和というのはないんです。人間と犬とがどう深くかかわるかということがそもそも問題。ただ犬がかわいそう、親と子が離れることがかわいそうということよりも、人間と犬との協調性というのが一番大事だということをぜひご認識をいただきたいと思います。

あと一番大きな問題は、56日以上になってくると、母犬がいたんでくるということが、この議論では抜けております。母犬が大きくいたみ、かわいそうということが全く抜けている。専門的な知識から、そこは申し添えておきたいと思います」

突如、規制から外された「天然記念物」

自民党としての8週齢規制に関する賛否が鴨下氏に「一任」された後、水面下での調整はおおむね順調に進んでいった。２０１９年5月22日、東京・永田町の衆院第1議員会館で開かれた超党派議連の総会において一連の動物愛護法改正案は合意に達した。ただ唐突に、「日本犬6種」を8週齢規制の適用対象外とする「どんでん返し」

が起きた。超党派議連では全く議論されていない案だった。動愛法改正PT座長の牧原氏はこう告げた。

「日本犬保存会、秋田犬保存会それぞれございまして、伝統的に店頭販売をしない。（8週齢規制の対象に）自分たちが入るのは受け入れられないという。そういうことでこの間、調整を行ってきております。自民党と維新の議員が強硬なもので。今のところ合意をしているのは、天然記念物に指定をされているものとそうじゃないものがあり、たとえば猫はイリオモテヤマネコとツシマヤマネコの2種が天然記念物として指定されている。文科省とのからみもあり、天然記念物にちゃんとなっているものは、（8週齢）規制を適用しない、7週の規制はかかるんですけど、（8週齢）規制はしないということでいま調整をしているところでございます」

牧原氏の発言を引き取るように、超党派議連会長の尾辻氏がこう続けた。「あの率直に申し上げます。この法律、ガラス細工のような部分があります。8週齢については、いま団体の名前が出てきましたけれど、そのへんの皆さんがきわめて強い反対をなさいまして、ここで衝突してしまうと、この法律の改正もうできなくなると、判断いたしております。なんとか法律を成立させるためには、ギリギリの妥協をすべきではないかなあと。そうなると天然記念物指定の犬や猫に対してだけは、ギリギリのところで妥協する必要があるのではないかなあと思っております」

結果、超党派議連は19年5月24日、文化財保護法109条で天然記念物に指定されている日本犬6種（柴犬、紀州犬、四国犬、甲斐犬、北海道犬、秋田犬）を繁殖する業者が、一般の飼い主にそれらの犬を直接販売する場合に限り、8週齢（生後56日）規制の対象から外すことを決めた。

6月26日に通常国会の会期末が迫るなかで、強固な反対姿勢を示す両議員を説得するには時間が足りなかった。8週齢規制はまたも政治の力によって一部「骨抜き」されることになった。

「大改正」の要点

動物愛護法の改正案は衆院環境委員会（5月31日）、衆院本会議（6月6日）、参院環境委員会（6月11日）と通過していった。6月12日、改正動物愛護法は参院本会議で可決、成立した。

2019年改正では8週齢規制のほかにも、繁殖業者やペットショップなど第1種動物取扱業をよりいっそう適正化するために、効果的な規制強化策がいくつも盛り込まれた。その意味では、最後の最後で８週齢規制が一部「骨抜き」になったとはいえ、超党派議連の動愛法改正ＰＴ座長を務めた牧原秀樹衆院議員が「大改正になった」と語るのも頷ける。

まず第１種動物取扱業者の適正化のために、▽暴力団員などによる登録を自治体は拒否しなければいけなくなり（登録拒否事由の追加）、▽特に犬猫等販売業者の飼育施設や飼育管理の状況（飼育施設の大きさ・構造、従業員１人あたりの上限飼育数、繁殖上限回数など）について環境省令でできる限り具体的に定めなければならなくなり（数値規制）、▽販売する動物についての対面説明・現物確認をする場所はその販売事業所に限定され（インターネット販売規制）、▽出生後56日を超えない子犬・子猫の販売は禁止された（８週齢規制）。

動物愛護法の規定に反して自治体から改善勧告を受けたにもかかわらず、勧告に従わなかった業者は、そのことを公表されるようになった。さらに改善命令が出ても従わず、登録取り消しになった場合でも、自治体は引き続きその「元業者」に勧告や立ち入り検査ができるようにもなった。

繁殖業者が出荷・販売する子犬・子猫と、繁殖業者のもとにいる繁殖用の犬猫へのマイクロチップ装着義務化も盛り込まれた。トレーサビリティー（繁殖、販売、所有の履歴管理）のために運用されれば、犬猫等販売業者への監視・指導にとって、有効なツールの一つになるだろう。

業者への規制のほかにも、▽中核市以上の自治体と保健所設置市に動物愛護センターとしての機能を持つことが義務づけられ、▽動物愛護センターは犬猫の譲渡を行う施設であることなどその業務内容が初めて規定された。また、所有者のわからない犬猫が自治体に持ち込まれた際に、「周辺の生活環境が損なわれる事態が生ずるおそれがないと認められる場合」であれば、自治体は、その引き取りを拒否できることも明記された。この規定は、地域猫活動を推進することなどを狙っている。いずれも犬猫の殺処分減少につながる施策だ。

さらに、▽全国的に社会問題化していた多頭飼育崩壊を予防するために不妊・去勢手術などの繁殖制限措置が義務化され、▽虐待を受けたと思われる動物を見つけた獣医師には自治体などに通報する義務が課され、▽ライオンやクマなど危険な特定動物の愛玩目的での飼育が原則禁止となり、▽動物殺傷罪の罰則は「5年以下の懲役または500万円以下の罰金」にまで引き上げられた。一連の規制は、日本で暮らす動物たちの適正飼育の徹底につながっていくだろう。

第5章 数値規制をめぐる闘い

19年改正の大きな「宿題」

2019年の動物愛護法改正は大きな「宿題」を残した。改正法では、具体的な数値規制を盛り込んだ「飼養管理基準省令」を定めるよう規定されたが、実際にどのような「数値」で規制するのか、その検討と実現は環境省に託されたのだ。

米、英、ドイツ、フランスなど欧米先進国の多くでは、犬や猫を飼育するケージに必要な広さを具体的な数値で規定している。

たとえばドイツでは、繁殖業者やペットショップから一般の飼い主まで、すべての犬の所有者に、犬舎（檻）で飼う場合には「（檻の1辺は）少なくとも犬の体長の2倍の長さに相当し、どの1辺も2メートルより短くてはいけない」、「（屋内飼育する場合）自然採光のための窓の大きさは室内の床面積の少なくとも8分の1の大きさがなければならない」などの義務規定を定めている。違反すれば罰金が科される。

販売目的で犬を繁殖している業者には、犬10匹につき1人の飼育者を置くことも義務づけられていて、違反すればやはり罰金が科されるなどの規定もある。

また英国では、犬の繁殖業者については、たとえば体重が20キロまでの犬であれば犬舎の最小面積は4平方メートルなどとガイドラインで規定。猫の繁殖業者については同じくガイドラインで、12週齢未満の子猫を4匹飼育する施設は、床面積は1平方メートル以上でその1辺は最低60センチ以上、高さは60センチ以上と定めている。犬については繁殖制限もあり、出産は年1回までで、出産させられる上限回数を6回とする規定がある。

フランスでも繁殖制限を行っており、犬猫ともに「2年間で3回を超える出産をさせてはならない」とする。飼育施設についても、犬は1匹あたり5平方メートル以上で高さは2メートル以上、猫は1匹あたり2平方メートル以上などと義務づける。

これらの規制が、飼育施設や飼育管理にかかわる「数値規制」と呼ばれている。ところが日本には数値規制がなかった。このため、繁殖や販売に使われる少なくない犬たち、猫たちが虐待的な環境に置かれてしまっていた。

ペット業界の危機感

8週齢規制に強固に反対したペット関連の業界団体「犬猫適正飼養推進協議会」（会

長＝石山恒・ペットフード協会会長）は、厳しい数値規制が導入されることがないよう、改正法の成立後も積極的な活動を続けた。

独自に入手した、同協議会の手による調査結果を見ると、2016年時点で国内の繁殖業者の7割以上がケージで飼育していた。ケージに入れずに「平飼い」している業者は3割にとどまる。また従業員数は、2人以下のところが5割を超えた。

やはり同協議会が作った16年9月の会議資料では、これらのケージのおよそ9割について、ドイツの規制水準を下回る英国の水準をクリアするのにも、「大型のものに更新が必要」、「大型ケージの導入により、施設拡張と用地取得が必要」などと指摘している。この時点の試算だと、欧米並みの規制が導入された場合、繁殖業者らが大型のケージを導入するのに総額17億円以上の設備投資が必要になるとしていた。数値規制導入に対するペット業界の危機感は募る一方だった。

そもそも犬猫適正飼養推進協議会は、ペット関連の業界団体を横断的に組織して2016年に設立された、新たな団体だ。関係者は「ロビー活動のための新組織だ」と明かす。業界をあげて、数値規制導入に抵抗するのが目的だった。

独自に入手した、16年6月に同協議会が作成した資料によれば、一般社団法人「ペットフード協会」（会長＝石山恒・マース ジャパン リミテッド副社長）、一般社団法人

「ペットパーク流通協会」（会長＝上原勝三・関東ペットパーク代表）、一般社団法人「全国ペット協会（ZPK）」（会長＝小島章義・コジマ会長）、一般社団法人「ジャパンケネルクラブ」（理事長＝別所訓氏）など10団体と業界関連企業6社で構成。各団体・企業で計約3千万円を拠出するなどして運営資金としていた。協議会の所在地は、ペットフード協会と同じビル、同じ階だった。

海外の犬猫に関する法規制を翻訳したり、国内のペットショップや繁殖業者の実態調査をしたりし、独自の「適正飼養指針」を作ったりすることを、その目的とする。だが資料には「環境大臣への説明」などの文言もあり、ロビー活動を主たる目的にしていることがわかる。実際、19年に動物愛護法が改正される際には、国会議員へのロビー活動を積極的に行った。

業界側がこうした活動に力を入れるのは、過去の〝成功体験〟があるためだ。12年の動物愛護法改正では、幼い子犬や子猫を8週齢（生後56日）までは生まれた環境から引き離さないための「8週齢規制」の導入が検討された。この際、業界側は「自主規制しており、45日齢まで引き離していない」などと主張。結果、欧米先進国の多くで実施されている8週齢規制よりも低水準の「45日齢規制」を経過措置として（16年9月からは「49日」）改正法に盛り込むことに成功したのだ。

同協議会作成の資料には、欧州で「実験およびそのほかの科学的目的」に使われる犬のために導入されている飼育施設、飼育管理に関する数値規制などが紹介されている。そして、それらよりも低水準な「業界基準」の策定をめざすとも受け取れるチャート図（下の写真）が示されている。12年の動物愛護法改正における週齢規制の時と同様、飼育施設や飼育管理にかかわる数値規制を業界寄りの内容に着地させたい意図が透けて見える。

同協議会が活動を始めた16年から17年にかけて、同協議会の活動内容などについて石山会長に何度か取材を申し込んだが、事務局からは「明確な話ができる段階ではない。申し入れはお断りする」との回答があった。

複数の組織と資金力に裏付けされた同協議会によるロビー活動は、国会議員はもちろん環境省幹部にも浸透していった。

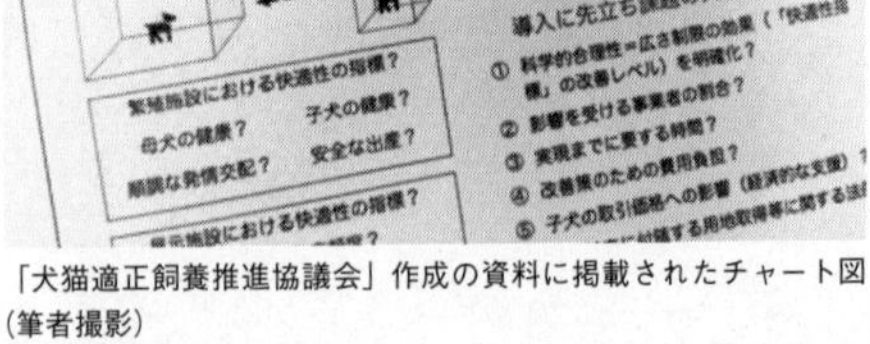

「犬猫適正飼養推進協議会」作成の資料に掲載されたチャート図（筆者撮影）

数値規制に対する環境省の姿勢

数値規制の導入に環境省は当初、どこか消極的な姿勢を見せていた。参院環境委員会（19年6月11日）における質疑を振り返る。

19年改正を主導した超党派の「犬猫の殺処分ゼロをめざす動物愛護議員連盟」（会長＝尾辻秀久参院議員）の事務局長、福島瑞穂参院議員は飼養管理基準省令を具体化するにあたって「国際的な動物福祉（アニマルウェルフェア）にかなった厳しい数値基準を入れるよう要求したい」などと述べたうえで、環境省にこう問うた。「立法者の意図する目的を具体的な制度として実現していく立場にある環境省として、どのような数値基準を今後検討しようとしているのか、国際的な動物福祉にかなった基準になるのか」

すると、環境省の正田寛自然環境局長は「動物の愛護及び適正な飼養の観点を踏まえつつ、基準に定める事項を具体化するとともに、特に犬猫につきましてはできる限り具体的なものとすること等が規定をされているところでございます」などと、明確な答弁をしなかった。「国際的な動物福祉にかなう」基準とするつもりがあるかどうかについて何も明言せず、「数値」という単語を使うことも避けたのだ。

環境省は既に18年3月5日、「動物の適正な飼養管理方法等に関する検討会」（座長＝武内ゆかり・東京大学大学院農学生命科学研究科教授）を立ち上げ、19年6月の法改正が行われる前に3度の会合を開いている。検討会を立ち上げた当時の環境省動物愛護管理室長、則久雅司氏は、第1回検討会が開かれた直後の18年3月8日、私の取材にこう答えている。「検討会では、数値規制の必要性の有無からもう一度洗い直しになる。規制をするにしても、目的に照らして最低レベルの基準になる。科学的根拠も無く、厳しい基準は入れられない」

「環境省の意思」を反映したのか、この検討会では一部委員から、後に福島氏が「立法者の意思」として示した「国際的な動物福祉にかなう」「数値」による規制について、消極的とも取れる発言がいくつかなされた。

まずは第1回検討会（18年3月5日）。慶應義塾大学大学院法務研究科の磯部哲教授（行政法）はこんな発言をしている。「詳細な基準を設定するということのメリットだけじゃなくて、弊害ということもやはり頭に入れておいたほうがいいのではないかという気がします。トレンドとしては、こと細かに数値の基準を定めるより、いまのような定性的な到達目標みたいなものを定めて、それをどのように達成するかはいろいろな方法がある。自主的な取り組みというのをいかに基盤として活用するかという発想のほうが重要なんじゃないかということは、個人的には考えています。（中略）こんなに厳しくやるべきという時代感覚じゃないですよね、ということをいま申し上げたんですが、どういう意味で数値の明確化をはかっていくことが強く求められているのかという現場のニーズというか、その声の背景が私まだよくわかっていない」

続いて第3回検討会（19年3月8日）。帝京科学大学生命環境学部の加隈良枝准教授（応用動物行動学）は、「（海外の数値を）いまの日本で適用するのはおそらく不可能じゃないかなと思います。これをいきなりやって（中略）ビジネスが立ちゆかなくなった時に、日本の現状がまだ支えきれる状態になっていないと思う。ビジネスもそうですし、飼い主さんが飼いたいという時に供給されない事態になってしまう。（中略）いくら科学的根拠が出てきても急にはできない」などと指摘。そのうえで言う。「日本で飼われていることの多い犬種と、海外の、特に論文で取り上げられているような犬種はちょっと開きがあるというのは否めないと思う。（中略）そういうものが日本の家庭犬のブリーダーに適応できるかというと、考え方は適応できると思うのですが（中略）専門家みたいな人たちがある程度案を作っていくほうが現実的では」

19年6月に改正動物愛護法が成立した後の第4回検討会（19年8月30日）。再び加隈氏の発言。「やり過ぎると値段が上がるという可能性がおそらくあって、動物取扱業がそういう素晴らしい環境を実現してなおかつ供給ができるのかというところを、ちょっと気をつけておかないといけない。（中略）値段が上がったりすることで買える人が減ってくる、飼う人が減ってくる。そのことで、動物愛護というものから遠ざかってしまうのは、本来目指していることとはまた違うと思う。値段が上がっても買えるかどうかとか、飼うことを維持していけるのかどうかということは、頭の片隅で考えておかないと」

加隈氏のこの発言に対して、則久氏に代わって18年7月の異動で環境省動物愛護管理室長に就いていた長田啓氏は反論する。「基準が厳しくなれば、販売される動物の価格は上がって、動物を入手しにくくなるということはあると思います。今回、基準を定めていくということと、流通や入手、販売価格の関係をどう考えるかということについては、基本的にはそういう間接的な影響はあるにしても、やはり本来の目的である動物の健康・安全、それから生活環境の保全上の支障の防止の観点から妥当と思われるものは、やはり明確化をして、適切に運用していくということにせざるを得ないというか、それが法律の要請であると、そういうふうに理解をしています」

「国際的な動物福祉にかなう」「数値」規制を検討していくべきであるという、19年改正で示された超党派議連を中心とする「立法者の意思」を踏まえた返答を、長田氏はしたと見ていいだろう。

対立した3項目

動物福祉の向上をめざす側と、これまで通りのやり方でペットビジネスを続けたい側とで最も意見の対立が見られたのは▽飼育ケージの最低面積（容積）、▽従業員1人あたりの上限飼育数、▽雌の交配の上限年齢と出産回数の3項目だった。業者のもとにいる犬猫たちの飼育環境を改善させる効果が高い半面、ビジネスを営む側からすれば直接的に収益を圧迫する要因になるためだ。

超党派の「犬猫の殺処分ゼロをめざす動物愛護議員連盟」は環境省の姿勢を懸念した。第4回検討会が開かれる直前の19年8月6日、尾辻秀久会長（参院議員）や高井崇志事務局次長（衆院議員）ら7人の国会議員の姿が、東京・霞が関の環境省にあった。原田義昭環境相（当時）に対して数値規制の具体化などを要請。環境省における数値規制の検討状況について、超党派議連に適宜報告するよう求めた。原田氏は、「プロセスについて議連の皆さんに報告するのは当然のこと。法改正の趣旨を踏まえて、努力をさせていただきたい」と答えた。

要請を終えた高井氏はこう話した。「今回の法改正では、数値規制、これが非常に重要。これが、どれくらい具体化されるか。環境省を信用していないわけではないが、環境省だけで決めると法の趣旨とあわなくなる恐れもある。立法府とよく相談していただきながら、省令を作ってほしい。今後、超党派議連としては、省令改正の作業について環境省と一緒に取り組んでいきたいと考えている」

一方の業界団体。犬猫適正飼養推進協議会は2019年11月25日、中央環境審議会動物愛護部会で行われた関係者ヒアリングの場で、業界としての案をおおやけにした。同協議会会長の石山恒氏は欧州並みの規制導入への懸念を示しつつ、犬の「寝床（ケージ等）」の大きさに関して「高さ＝体高×1・3倍」「幅（短辺）＝体高×1・1倍」などとする案を提示。「基準がもしドイツのようになれば、日本からほとんど犬が消えてしまう」（石山氏）と主張した。従業員1人あたりの上限飼育数や、雌の交配・出産に関しては表だって案を示さなかった。

石山氏が示した飼育ケージの規制案は、驚くほど狭いものだった。体高とは、地面から犬の肩甲骨の上部までのことをさす。つまり、頭の大きさを考慮しない。にもかかわらず、飼育ケージの高さが体高の1・3倍しかなければ、立ち上がった状態ではほとんど頭がつかえることになる。

幅（短辺）にしてもそうだ。体高の1・1倍の幅しかスペースがないということは、犬が飼育ケージ内で寝転んだ時、頭は壁面にあたってしまう。ダックスフントやウェルシュ・コーギーなど胴長な犬種では、ほとんど「ウナギの寝床」のような飼育ケージしか用意されないことにもなる。せめて、犬の胸から尻尾の付け根までの長さをさす「体長」を使った計算式にできなかったのだろうか。

業界案のプレゼン資料には定性的な基準として「犬が立つ、向きを変える、横たわる、伸びをするなどの自然な姿ができること」と記しているが、「高さ＝体高×1・3倍」「幅（短辺）＝体高×1・1倍」しかなければ、そのような状態を実現するのは難しい。

さらに問題なのは、「生活エリア」や「運動場」についての数値規制は「設置せず」としたことだ。これでは、ほとんど身動きできない狭い飼育ケージに、犬を入れっぱなしにした飼育環境に陥る可能性が高い。言ってみれば、現状追認を求めるような案だった。

動物愛護団体からも私案が示された。環境省が設置した検討会で2020年2月3

日、公益財団法人「動物環境・福祉協会Ｅｖａ」と「動物との共生を考える連絡会」が、具体的な数値を含む基準案をプレゼンした。

Ｅｖａ理事長を務める俳優の杉本彩さんは「業者の利益を優先的に配慮したものであってはいけない。動物を適正に扱える基準を」と訴え、いくつか具体的な案を提示。飼育ケージの面積については英国やドイツの水準を例示し、従業員1人あたりの上限飼育数については「多くても10匹が限界だと見ている」などと述べた。

連絡会は、たとえば犬の寝床は「体長の1・5倍以上の長さと体高の1・3倍以上の幅が必要」などとし、寝床に入れておくのは犬が起きている時間の「50％以下」にするよう求めた。

また猫では、1日の大半をケージのなかで過ごさせる場合には、「2段以上のケージ「トイレ、休息場所、食事場所等は、50センチ以上離すこと」などとした。

連絡会のメンバーとして発言した、米国獣医行動学専門医の資格を持つ入交眞巳（いりまじりまみ）・北里大学客員教授は、「動物本来の行動ができるよう、動物福祉を第一に考えた飼育管理が実現できるような基準を定めるべきだ。業者のもとにいる犬猫の飼育環境を向上させることは、心身ともに健康な子犬・子猫が販売されることにつながり、消費者にも大きなメリットがある」と指摘した。

変わりだした「風向き」

超党派議連による規制案の提示は最後になった。2020年3月半ば、半年余りの時間をかけて規制案をまとめあげた。業者や有識者らにヒアリングを重ね、海外事例も複数の国について調査した結果で、50の重点項目からなる。

小型犬のケージの広さは「2平方メートル以上」とし、原則として「20分以上の散歩を1日に2回以上行う」か「覚醒時間（起きている時間）の50%以上の時間、自由に運動場に出られる状態にしておく」ことなどを求めている。基本的には寝床と運動スペースが一体になった「平飼い」を推奨する内容となった。

猫では1匹につき「奥行き90センチ×幅90センチ×高さ90センチ」の空間が必要とし、隠れ場所や二つ以上の棚を設置することも求めた。

また、適切な世話や掃除が行われるように、従業員1人あたりの上限飼育数は繁殖業者では犬は15匹まで、猫は25匹までなどと規定した。

さらに、津曲茂久（つまがり）・元日本大学教授（獣医繁殖学）へのヒアリングで、頻繁だったり、高齢だったりする出産を制限すべきだと指摘されたことなどを受け、犬猫とも出産は「1歳以上6歳まで」「生涯に6回まで」などとした。

規制案の策定を受けて、超党派議連はさらに積極的に動いた。

実はこの間、飼養管理基準省令の行方を左右する大きな変化が起きている。19年9月、小泉進次郎衆院議員が環境相に就任したのだ。小泉環境相、長田室長のコンビが誕生したことで、「風向き」が変わりだしていた。

20年4月3日、超党派議連の動物愛護法PT座長・牧原秀樹衆院議員や事務局長の福島瑞穂参院議員、同事務局次長の高井崇志衆院議員ら9人の国会議員が環境大臣室に、その小泉氏を訪ねた。

牧原氏は要望書とともに議連案を手渡し、「(議連案は)議連として議論を積み重ねたもの。(飼養管理基準省令に)反映をするようお願いしたい」などと要望。福島氏は「ケージの広さや従業員1人あたりの上限飼育数、繁殖回数などの基準についてぜひ、ちゃんとした数値でやってもらいたい」と訴えた。

議連案を受け取った小泉氏は、「私も問題意識を持っており、(動物愛護管理)室長らと何度も議論をしながら、いかに環境省が動物愛護の精神にのっとった対応ができるか、しっかりと作っていこうと話をしている。(議連案をまとめた)ご苦労に一つでも報いることができるように、取り組んでいきたい」と答えた。

環境省案の「穴」

小泉氏は2020年春以降、超党派議連のほかにも、数値規制を巡って何度も陳情を受けることになる。業界団体にも動物愛護団体にも分け隔てなく面会した。その度に繰り返したのが「動物愛護の精神にのっとった基準とする」という発言だった。その「答え」が20年7月10日、第6回「動物の適正な飼養管理方法等に関する検討会」で、環境省案として示された。

主なポイントをあげる。

▽従業員1人あたりの上限飼育数は、繁殖業者では繁殖用の犬15匹、猫25匹。ペットショップでは犬20匹、猫30匹。

▽犬の飼育施設の広さは、たとえば体長30センチの小型犬2匹を入れる場合の「平飼い用ケージ」は1・62平方メートル以上。寝床に入れっぱなしで飼育する場合は、床面積を体長の2倍×1・5倍以上、高さは体高の2倍以上とし、運動スペースに1日3時間以上出すことを義務化。

▽上下運動を好む猫の飼育施設は、広さに関する計算式を規定したのに加え、平飼い

用ケージでは猫が乗れる棚を2段以上設置した構造にする。
▽母犬、母猫の負担となる繁殖については、犬猫ともに交配できるのは6歳まで。
ほかにも、ケージの床材として金網を使用することを禁止。また、毛玉に覆われたり、爪が伸びたままだったりする状態にすることも禁じるなど、定性的な規制も盛り込まれた。これらの規制について違反を繰り返す場合には、地方自治体は、第1種動物取扱業の登録を取り消すなどの処分をくだすことができる。環境省は、超党派の「犬猫の殺処分ゼロをめざす動物愛護議員連盟」が4月に小泉氏に提出した案などを尊重したとした。

確かに、総合的に見れば小泉氏が発言してきた通り、ビジネスに使われる犬猫たちの心身の健康を守れる規制となるよう、踏み込んだ案になった。これまで数値規制がないために悪質業者が野放し状態になっていたことを思えば、大きな前進と言えるものだった。

だが議連案と比較すると、犬の飼育施設の広さや繁殖に関する規制で隔たりがあった。多くの悪質業者を取材してきた経験から言えば「穴」があるのも明らかだった。

議連案では、平飼い用ケージについて小型犬1匹あたり2平方メートル以上としていた。対して環境省案は、体長30センチの小型犬では、平飼い用ケージの広さを1・

62平方メートルとしたうえで、そのなかで「2匹まで飼育可」とした。

環境省にそう言われたら、悪質業者は必ず、一つのケージのなかに2匹入れるだろう。なるべく狭いスペースで、なるべく多くの犬を飼育しようというのが、そうした業者の基本的な考え方なのだ。つまり環境省案では、議連案の半分ほどのスペースしか確保できていない。そして、1・62平方メートルといえば、ちょうど畳1枚分の広さにあたる。そんなスペースに常に2匹が同居していたら、相性によっては闘争が起きかねない。

また、繁殖に関する規制について議連案では、犬猫ともに「交配は1歳以上6歳まで」「出産は生涯6回まで」としていた。なるべく早く家庭動物としての「余生」を送らせてあげるのと同時に、出産回数を制限することで、母体と生まれてくる子の健康を守ることをめざした。ところが環境省案では、下限年齢と出産回数に制限がない。

この場合、10歳を超える前後まで犬猫を繁殖に使ってきたような悪質業者は何を考えるか――。生後10カ月前後にくる最初の発情期から6歳まで、1度でも多く交配、出産させようとするだろう。個体差はあるが犬は1年に2回から2年に3回、季節繁殖動物である猫は飼育の仕方次第で1年に3回以上の出産が可能なため、業者によっては犬で10回程度以上、猫で18、19回程度出産させる「酷使」が行われることになる。

小泉氏は検討会と同じ日に行った閣議後会見で、環境省が示した案について「動物目線の基準とすることができた」と述べた。一方、超党派議連は「かなりの前進はあるが、求める水準とはなお隔たりがある点もある。環境省に今後も積極的に働きかけていく」などとする声明を発表した。

環境省はこの後、もう一度検討会を開いて規制案について議論したうえで、秋までには中央環境審議会動物愛護部会に成案を報告することになった。最後の駆け引きが、表でも水面下でも激しさを増していく。

ペット業界の反発

環境省が示した規制案に、ペット関連の業界団体は激しく反発した。環境省には繁殖業者らからはがき、メール、電話が殺到することとなった。

SNS上の投稿や環境省への取材によると、繁殖業者らは「引退犬を終生飼養しているのに、どうすればいいのか。大量に捨てることになる」という趣旨の主張をし、従業員1人あたりの上限飼育数を犬で30〜50匹程度まで緩和するよう求めていた。

だがそもそも、犬や猫を遺棄する行為は犯罪だ。2019年に改正され、既に20年6月から段階的な施行が始まっていた動物愛護法には、動物遺棄罪の罰則として懲役刑も加わってもいる。法規制が厳しくなるから犯罪行為に手を染める——という主張は、法治国家において通らない。

そのうえで、繁殖業者が引退犬を終生飼養しているという主張は、違和感を抱かざるを得ないものだった。

ペットフード協会の19年時点の調査によれば、犬の平均寿命は14・44歳。繁殖業者の多くは8歳程度で、繁殖犬を引退させている。もし繁殖引退犬が業者のもとで飼育されているのだとしたら、単純計算だが、その業者が飼っている犬の4割ほどが繁殖に使えない犬たちということになる。

パピーミル（子犬工場）と呼ばれる繁殖業者の場合、一般的に100〜200匹の犬を飼育している。そのうちの4割、つまり40〜80匹が繁殖引退犬だと言うのだろうか。にわかには信じがたい主張だった。

これまで数多くの繁殖業者を取材してきた。確かに、1人で10匹前後の繁殖犬の面倒を見ている、「ブリーダー」と呼んでいい優良業者のなかには、引退犬を手元に置いているケースもあった。それでも、特に気に入っている犬や、たくさんの子を産むなどして恩義を感じている犬に限って残す程度。基本的には、ペットとしての余生を送ってほしいと、一般の飼い主に譲渡するよう努めていた。

一方でパピーミルを取材していて、そこに引退犬の姿を認めた経験はない。「狭いスペースでなるべく多くの犬を飼育しようと考えるのが常識」(関東南部の繁殖業者)だから、役割を終えた犬を、限られたスペースにわざわざ置いておかないのは、当然だろう。しかも老犬ともなれば、介護やみとりに多大な労力を割く必要も出てくる。「引き取り屋」に有料で持っていってもらったり、「下請け」的存在の動物保護団体に譲渡したりしているのが現実だ。自分で「処分」していると証言する業者もいる。

20年は新型コロナウイルスの感染拡大で外出自粛や在宅勤務が続いたために、「癒やし」を求めてペット業界はバブル状態になっていた。前年までは十数万円だったペットオークション(競り市)での子犬の平均落札価格が、20年春には20万円台に乗っていた。もとはといえば、10年代に入ってそれまでの3、4倍にまで高騰しているのに、さらに2倍の値をつけたのだ。「定価のない商品」ならではの現象だが、つまりは、数値規制の導入によって新たに従業員を雇用しなければならなくなったとしても、販売価格に転嫁すればいいだけだ。従業員を増やさない、増やせない――という前提の主張に問題があるのは明らかだった。

00年代に比べて確実に売上高が増えているのだから、人件費をまかなえないはずがない。環境省の案通り、1人の従業員が、繁殖犬15匹を世話していると想定して考えてみればいい。15匹の繁殖犬を飼育していれば、一般的にそのうち8割が雌だから、12匹の雌がいるはずだ。犬は1年に2回から2年に3回の出産が可能なので、少なく見積もって2年で36回の出産が行われることになる。

　1回に生まれる子犬は、犬種によって異なるが、4匹程度と考える。そうすると、2年で144匹の子犬を「生産」できる。競り市での子犬の落札価格がコロナ禍以前の1匹十数万円という水準だったとしても、従業員1人あたりの年間売上高は720万円以上だ。ここに業者自身が面倒を見る15匹でかせぐ金額が加わる。

　給与所得者の平均年収は441万円（18年、国税庁調べ）。ほかにフード代やワクチン接種代、光熱費、獣医療費、競り市への仲介手数料などがかかるとしても、従業員が雇えない売上高ではないだろう。

　環境省が定める数値規制は、小泉氏が繰り返し「動物愛護の精神にのっとった基準とする」と発言してきたように、繁殖や販売に使われる犬猫の動物福祉を向上させるのが目的だ。同時に、悪質業者の淘汰を促すこともめざしている。ペット業界は、自らの利益に固執するあまり犬猫の飼育環境をないがしろにするのではなく、日本の動物福祉を向上させるために、ともに知恵を絞り、努力すべき局面だった。超党派議連はこの間、水面下で環境省と議論、交渉を行っていた。

規制案の二つの問題

「思いを込めているので、少し長くなります」

2020年8月12日に開かれた7回目の「動物の適正な飼養管理方法等に関する検討会」に、小泉進次郎環境相は異例ながら出席。会議の冒頭、そう断って話し始めた。そして、数値規制の内容を取りまとめるにあたり「悪質な事業者にレッドカードを突きつけるという点で最大限努力した」と強調した。

小泉氏が話した通り、環境省が示した規制案は、悪質な繁殖業者やペットショップを改善、淘汰するためにそうとう踏み込んだ内容になっていた。ただ、前述の通り大きな問題が二つあった。一つは、犬の平飼いケージについて、1匹あたりに必要な面積が狭いこと。もう一つは、犬猫の出産回数について規制がないこと。繁殖に使われる犬猫たちの虐待、酷使を防げない可能性が高かった。

この日の検討会でも、特に出産回数の規制が盛り込まれなかったことについて、複数の委員から、疑問の声があがった。超党派の「犬猫の殺処分ゼロをめざす動物愛護議員連盟」も、環境省の規制案について「議連が求める水準と隔たりがある」として、繰り返し説明を求めた。

こうした声を受けて、小泉氏は動いた。検討会でいったん取りまとめられた案が変更されることは、普通はない。だが8月31日、環境省は改めて「報告書」を公表した。そこには、犬の出産回数規制が盛り込まれていた。これまでは「メスの交配は6歳まで」という規制だけだったのに、「生涯出産回数は6回まで」とする規制が新たに加えられたのだ。超党派議連の要望を一部のんだ形になっており、環境省は「なるべく早く家庭犬として譲渡されるよう効果的な施策を推進する」とした。

さらに、獣医師資格を持たない繁殖業者による帝王切開が横行していた問題についても、「(帝王切開は)獣医師に行わせる」とする規制に踏み込んでいた。

関係者によれば小泉氏は、動物愛護管理室と連日深夜まで議論。有識者や動物愛護団体、ペット業界関係者らへのヒアリングも重ねた。最終的には、超党派議連が示してきた議連案を「小泉環境相が最大限尊重した結果」として、環境省が当初示した案よりさらに踏み込んだ内容になったという。

ただ、それでもまだ、問題が残されていた。出産回数規制の対象から、なぜか猫が外された。母体や生まれてくる子の健康リスクが高いとされている初回発情時の交配についても、犬猫ともに触れられなかった。犬の平飼いケージに求められる面積は狭いまま。従業員1人あたりの上限飼育数の規制については、環境省資料に「優良な事業者の上限値緩和を検討する」という文言があり、予断を許さなかった。

予断を許さないと言えば、検討会座長の武内ゆかり・東京大学大学院教授は、「座長提言」を公表して「国は適切な準備期間を設ける」よう求めた。従業員1人あたりの上限飼育数などについて激変緩和措置を導入することは、それなりに理にかなっている。だが、それを利用した「骨抜き」を、ペット業界が働きかけてくる可能性が否定できなかった。

「行きどころがない」

2020年10月7日、中央環境審議会動物愛護部会に環境省案が示された。その場で、ペット関連の業界団体「全国ペット協会（ZPK）」の脇田亮治専務理事は、飼養管理基準省令が施行されることによって「繁殖者から出る犬が、全国でおよそ10万匹以上にのぼる。この行きどころのない犬猫はどのようになるのでしょうか」などと発言した。そのうえで、「行政は事業者の取り組みの支援、体制を整備することも想定しているか」、「継続して審議いただくことを強く願いたい。この業界の家族をみんな養わないといけない。(決めるのは)5年先でもいいのではないか」と環境省に迫った。ZPK事務局に確認したところ、「行きどころのない」犬が「10万匹以上」出てくるという脇田氏の主張は、「犬猫適正飼養推進協議会」などによる推計値に基づいているという。

同協議会などは、飼養管理基準省令のうち特に、繁殖に使う犬猫の上限飼育数を従業員1人あたり犬では15頭まで、猫では25頭までとする規制が行われれば、犬の繁殖業者の32・3％、猫の繁殖業者の18・9％が、「廃業も視野に入れている」などする調査結果を公表していた。このなかで、全国の繁殖業者で繁殖犬は計10万5790匹、繁殖猫は計2万5509匹の飼育ができなくなる可能性がある――などと推計したのだ。犬猫適正飼養推進協議会は、こうした推計を一部新聞社のニュースサイトに「意見広告」として載せるようなことまでしていた。

犬や猫に子どもを産ませることで利益を得てきたというのに、それほどの数の犬猫をむざむざと手放すことを想定し、一方でその犬猫たちの「行きどころがない」と言ったり、「行政の支援」を求めたりする業界団体の姿勢には、深い失望を感じざるを得なかった。利益の一部をあててパートやアルバイトを含めて職員を増やしたり、人件費が増えた分を子犬・子猫の販売価格に転嫁したりすればいいだけなのだ。

ペット関連の業界団体が規制強化を前に「廃業が増える」などと声高に言い始める

のは、今回に限った話ではない。8週齢規制の導入が本格的に議論された12年の動物愛護法改正時には、8週齢規制が導入されれば繁殖業者では「廃業あるいは営業縮小が7割以上」、ペットショップでは「(犬猫の)取り扱いをやめる、減らす、廃業が7割以上」などとする「調査結果」をもって、ロビー活動を行っていた。

現実にはどうなったか。13年9月にまず45日齢規制が、16年9月から49日齢規制が施行された。21年6月には8週齢(56日齢)規制が施行された。ところが、だ。繁殖業者やペットショップなど犬猫等販売業者の数は14年4月1日時点で1万5890だったのが、23年4月1日時点では1万6812と順調に増加している(環境省調べ)。

またペット関連の業界団体が、環境省に提出した調査結果を、業界にとって都合のよいものになるように「差し替え」「誘導」した事実も、忘れられない(週刊朝日18年6月8日号「ペットの販売規制巡り業界団体がデータ〝改ざん〟か」)。

そもそも数値規制の導入が本格的に議論されるようになったのは、11年12月に中央環境審議会動物愛護部会に提出された「動物愛護管理のあり方検討報告書」がきっかけだ。この時点で、それから9年近くが経過している。時間は十分にあった。繁殖用の犬猫の「行きどころがない」などと主張して数値規制に反対する前に、自分たちなりの改善策を世に示すことはできなかったのだろうか。

施行の先送り

結果的に、ペット業界の要求が一部通ることになる。

２０２０年12月25日に開かれた中央環境審議会動物愛護部会。この場で環境省は、21年6月から施行する予定の飼養管理基準省令のうち、従業員１人あたりの上限飼育数にかかわる規制の完全施行について、既存業者に対しては予定より３年先送りすることを発表した。従業員１人あたり繁殖用の犬は15匹、猫は25匹、販売用の犬は20匹、猫は30匹とする「上限」は譲らなかったものの、21年6月の施行は断念。既存業者に対する規制は22年6月から繁殖用の犬は25匹、猫は35匹、販売用の犬は30匹、猫は40匹とゆるめの上限を定め、それ以降、毎年段階的に5匹ずつ減らしていくこととした。省令通りに完全施行されるのは24年6月だ。

また、やはりペット業界から反発があった、飼育ケージの広さを計算式などによって定める規制と雌犬・雌猫の交配年齢を6歳までなどとする規制の施行も、既存業者については予定より1年先送りされることになった。部会で環境省の長田啓・動物愛護管理室長は「（業者によって犬猫が）遺棄をされたり、殺処分をされたりというのを防ぐのが目的。また業者が従業者（飼育者）を新たに確保するには期間が必要なため」などと説明した。

人手不足で従業員の募集がスムーズに進まないことなどを考慮すれば、段階的な施行はもとより必要だ。だが従業員1人あたりの上限飼育数は、犬や猫の面倒を見るのに必要な作業や時間を細かく積み重ねて導き出されたもの。完全施行を3年も先送りすることは、繁殖に使われる犬猫にとって負担が大きすぎた。ペットフード協会の調査では近年、犬の平均寿命は14歳台、猫は同15歳台まで延びている。犬猫にとって3年という期間は、一生の5分の1にもあたる。しかも最初の1年間は「無規制状態」にすると言うから、業者によっては1人で50匹前後、なかには100匹前後もの犬猫を飼育するような現状が、環境省のお墨付きで維持されてしまうことになった。

解説書に残った課題

環境省が作成した飼養管理基準省令の自治体向け解説書「動物取扱業における犬猫の飼養管理基準の解釈と運用指針」の書きぶりにも課題が残った。

猫については「生涯出産回数」の規制が設けられなかった問題を巡ってだ。

第1章で述べたように、猫は日照時間が長くなると発情期がくる季節繁殖動物。このため大手ペットショップチェーンなどが繁殖業者に「1日12時間以上照明をあて続けること」を推奨し、年3回以上の繁殖をさせようとしている。省令でそうした「酷使」を防ぐために生涯出産回数を定めるべきだったのに、環境省はそれを見送った。そうであればせめて、解説書でなんらかの歯止めをかける必要があった。

だが、そのために環境省が書き込んだのが「夜間に休息を確保するため、自然採光又は照明により日長変化(昼夜の長さの季節変化)に応じて光環境を管理することが義務付けられる」という一文だった。この基準を繁殖業者が守っているかどうか、実際に業者の監視・指導にあたる自治体職員はどのように確認すればいいのだろうか。夜間、こっそり繁殖場を監視する――というわけにはいかないだろう。解説書には「年2回を超える繁殖が普通に見られる場合は、適正な光環境の管理が行われていないものとして、勧告や命令の対象になる場合がある」とも書かれている。それでも、実際に業者に対峙する自治体職員が、この文言をもって改善勧告や改善命令を出せるとは、とうてい思えない。

解説書のこの書きぶりでは「年3回」以上の交配、出産は防げない。そうなれば、業者のもとにいる猫は、生後8カ月くらいでくる最初の発情期から、最後の出産を終えて引退する7歳までの間、最大18、19回程度の出産を強いられることになってしまう。初めて解説書案が示された第9回「動物の適正な飼養管理方法等に関する検討会」（21年5月17日）が終わった後、環境省動物愛護管理室に取材すると、こう説明した。

「年2回が普通であり、『うちの猫はみんな毎年3回産むんだ』などという業者がいたら、それはおかしい、（当該条文を遵守しているかどうか）あやしいから、（自治体職員は）出産日を確認したらいい、というニュアンスのつもりだった。（22年6月に）マイクロチップの装着が義務化されれば個体管理がより確実にできるようになるから、その段階でもう少し詳しく書き込んだ施行通知を出すことなどを検討したい」

もう一つ、従業員1人あたりの上限飼育数にも、解説書によって「穴」があいた。飼養管理基準省令には「1人当たりの飼養または保管をする頭数の上限は（中略）繁殖用の犬については15頭、繁殖用の猫については25頭とする」などと書かれている。普通に読めば、30匹の繁殖犬を飼う業者であれば、毎日2人の従業員が出勤していなければならない――と考えるだろう。

だが、数え方にトリックがあった。解説書を作成するにあたって環境省は、法定労働時間（1日8時間、週40時間）を持ち出し、その時間内で2人以上の職員が週に計80時間労働すれば、30匹の繁殖犬を飼育することが可能だとしたのだ。

つまり仮にAさんが1日8時間×5日（週40時間）、Bさんが1日4時間×5日（週

20時間)、Cさんが1日4時間×5日(週20時間)それぞれ働くとする。ある1日を切り出してみればAさん1人で30匹の繁殖犬の面倒を見ている日もあれば、午前中4時間はBさん1人、午後の4時間はCさん1人で引き継ぐ日もありうるということだ。

環境省動物愛護管理室は「1人しかいない状態は望ましくない。勤務が偏っているような業者があれば、自治体は指導してほしい」としている。だがペット関連法に詳しい、細川敦史弁護士は「保育士の配置基準などと比べ、明らかに変則的な解釈。繁殖・販売の業務実態を考えても、営業時間中は常に規定通りの人数が必要なはずだ」と指摘した。

バトンは「現場」に渡された

この章の最後に改めて、飼養管理基準省令に盛り込まれた主な数値規制を示しておく(次ページのチャート)。総合的に見れば、日本の動物福祉を巡る状況に大きな前進が見られたことは確かだ。この省令により、ペットビジネスの現場にいる犬たち、猫たちの飼育環境は確実に改善していくだろう。明らかになっている問題点については、省令の改正や解説書の改訂によって早急に対応するべきだが、今後はまず省令を適切に運用していくことが肝心だ。バトンは「現場」に渡された。

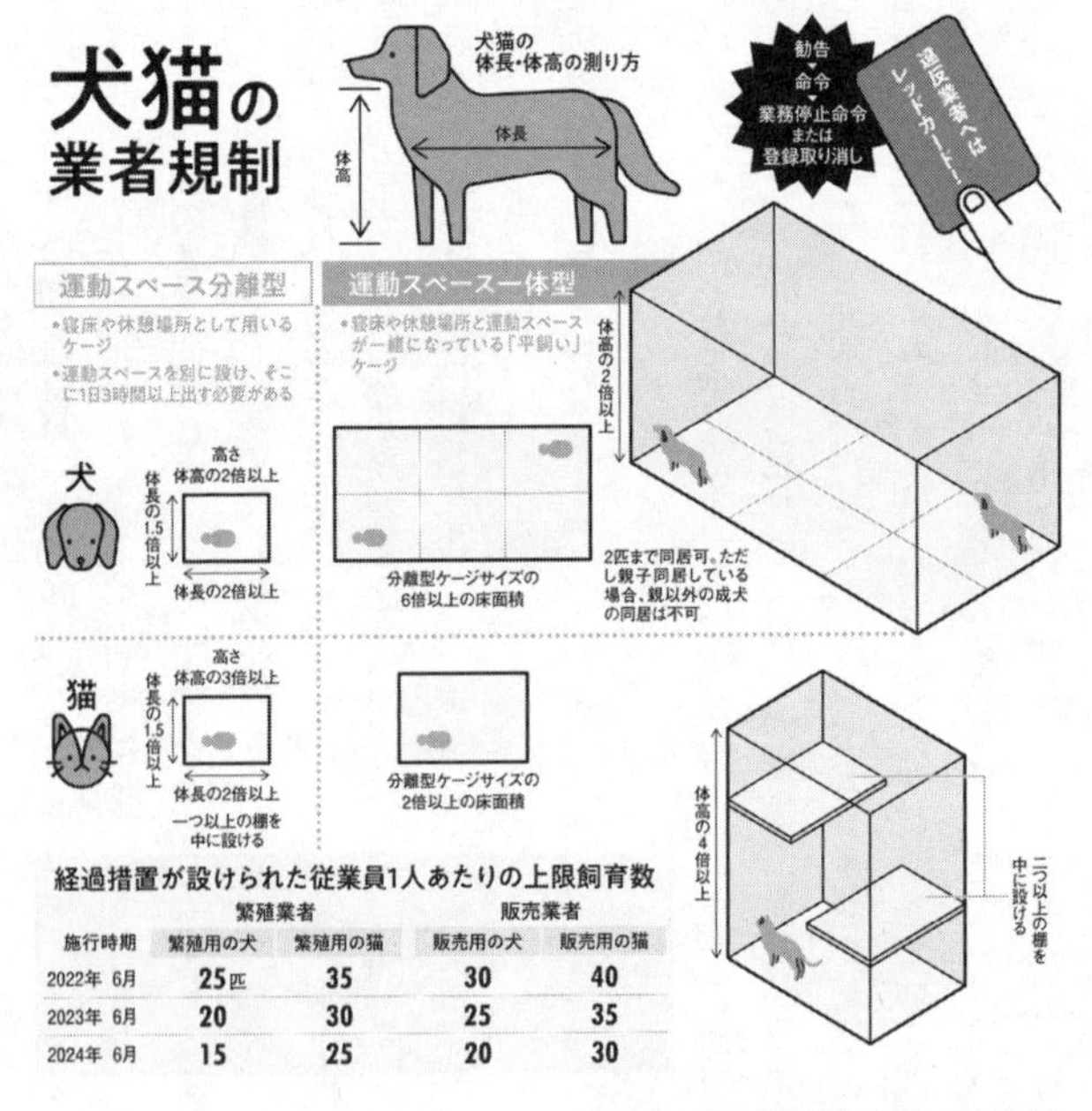

経過措置が設けられた従業員1人あたりの上限飼育数

施行時期	繁殖業者		販売業者	
	繁殖用の犬	繁殖用の猫	販売用の犬	販売用の猫
2022年 6月	25匹	35	30	40
2023年 6月	20	30	25	35
2024年 6月	15	25	20	30

（グラフィック・花岡紗季）

第6章 アニマル桃太郎事件から、5度目の法改正へ

行政はなぜ機能しなかったのか

JR松本駅（長野県松本市）から車で約30分。県道をそれ、すれ違うのも難しい細い山道を上っていくと、左手の林のなかに2階建てのプレハブ小屋があった。
飼育していた400匹以上の犬を虐待したとして動物愛護法違反の疑いで逮捕、起訴された元繁殖業者の男が営んでいた2カ所の繁殖場のうちの一つだ。その屋号は「アニマル桃太郎」といった。2021年9月2日、冷たい雨が降るなか、長野県警の捜査員らによってこの繁殖場の家宅捜索が行われた。

犬猫の繁殖業者やペットショップの飼育環境を改善し、悪質業者を淘汰するために、具体的な数値規制を盛り込んだ「飼養管理基準省令」が21年6月、段階的に施行され始めた。その矢先に発覚した大規模な動物虐待事件。飼養管理基準省令への対応に追われていた地方自治体やペットビジネスの現場には、大きな衝撃が走った。

長野県警の家宅捜索が行われた21年9月2日、現場には、県警の捜査員に交じって松本市保健所の職員の姿があった。松本市保健所がアニマル桃太郎の繁殖場に立ち入り検査をするのは、これが初めてだった。

21年6月に施行された飼養管理基準省令では、犬猫の体表が毛玉で覆われていたりする状態を「直接的に禁止している」(環境省)。ケージの床材として、金網を使用することなども原則禁止だ。「悪質な事業者を排除するため、自治体がレッドカードを出しやすい明確な基準にする」。制定にあたり小泉進次郎環境相(当時)はそう自信を見せた。

だが、22年3月に長野地裁松本支部であった初公判の検察側冒頭陳述によると、アニマル桃太郎の繁殖場では「重度の毛玉による歩行困難」な犬がいたり、「ほとんどのケージにおいて金網が用いられていた」りしたという。松本市保健所が

2021年9月2日、動物愛護法違反の疑いで長野県松本市内の繁殖場を家宅捜索する県警の捜査員ら。一匹ずつ犬の健康状態を確認していた(筆者撮影)

適切に立ち入り検査をしていれば、長野県警による家宅捜索よりも前に、犬たちを救う道筋がつけられたはずだった。

松本市保健所食品・生活衛生課の大和(おおわ)真一課長は「大規模な業者であり、特別であるという認識はあったが、県警が捜索に入るまで一度も立ち入り監視を行っておらず、飼育状況を確認できていなかった」と認める。

行政はなぜ機能しなかったのか——。松本市が犬猫の繁殖業者など第1種動物取扱業者に対する監視・指導業務を担うようになったのは、21年4月に同市が中核市になって以降だ。それまで監視・指導に責任があったのは長野県。大和課長によると、県からの引き継ぎは「正式には、書類をそのまま引き継いだだけ。具体的な中身について係長レベルで話を聞いたりしてはいたが、アニマル桃太郎は継続的に対応している案件の一つであり、切迫した状況であるという危機感は伝わってこなかった」。

大和課長は長野県の公衆衛生獣医師として勤務し、定年退職後、松本市が中核市となるにあたり、松本市保健所の食品・生活衛生課立ち上げのため任期付き職員となった。長く保健所業務に携わってきた経験から、「食品関連でも動物関連でも、ずっと事業者と接してきたが、犯罪者を作るために監視、指導にあたるのではない。法令違反があれば、犯罪者にならないよう是正してもらうのが仕事だと考えてきた」と話す。でも今回は「犯罪」として裁かれようとしている。大和課長は言う。「歴史的により付き合いが長い食品関連の事業者は、事業者自身、食中毒などを出したくない思いが強い。保健所が問題を指摘すると、しっかり改善してくれる。だが動物関連の事業者は、それとは少し雰囲気が違う。その違いの認識が、我々は甘かったかもしれない」

一方で、松本市が中核市に移行する前まで責任があった長野県は、この事件をどう検証したのか。長野県食品・生活衛生課の高井剛介（ごうすけ）係長は、県内の保健所で動物愛護法関連の業務などに携わった後、21年４月、現職に着任した。「県では、限られた人員のなかで選択と集中をはかり、飼育数の多い繁殖・販売業者については年１回のペースで立ち入り検査を行ってきた」と言い、アニマル桃太郎の繁殖場については「異常な臭気を感じた職員もいたが、換気をするよう指導していた程度。異常な飼い方という認識はなく、そのままで良しとしていたようだ」と説明する。

長野県は、記録の残る16年度以降、計９回の立ち入り検査をしている。最後は21年３月、２カ所あった繁殖場のうちの一つに入った。前年12月に立ち入った際、飼育数を減らし、掃除と換気を徹底するよう指導していたが、掃除と換気の面で改善は見られず、飼育数は「５００匹いたのが４９５匹になった」との報告を受けただけだった。

これ以前も、同じような内容の指導を繰り返すにとどまっていた。

現場を確認しながら、長年にわたって虐待的な状況を見過ごしてきた責任は重い。高井係長は「事前に通告して立ち入り検査に行っているのに、掃除も換気もしていない。そんな状態が長年にわたって続いてきた。冷静になって考えれば、きわめて悪質な業者。なぜ悪質性に気付けなかったのか、反省しないといけない」と認める。

動物愛護法では、飼養管理基準省令が制定される以前から、環境省が定める基準に適合していない状況がある場合、業者に対して「勧告」ができ、それでも改善が見られない場合には「命令」、続いて「登録取り消し」または「業務停止」の処分を課せる。だが、アニマル桃太郎に対してはただ指導を繰り返しただけ。勧告すら行っていなかった。長野県は21年10月、検証チームを発足させた。22年3月までに、問題が起きた背景を「法による措置を実質的に非常に困難なものと思い込んでいた」「法改正の趣旨などに対応した主体的な考えや行動ができなかった」などと結論づけた。

高井係長は言う。「（飼養管理基準省令制定以前の）基準があいまいで、不利益処分に踏み込むことが非常に難しいと、職員皆が誤解していた。以前の基準でも、実際にはもっと強い指導、処分ができたのに、残念ながらそういう認識に至らなかった」

検証を受けて長野県は、行政指導や不利益処分を円滑に行うための「実施要領」を制定。「2回の指導を行ったにもかかわらず改善が確認できない」時点で「始末書」などを提出させることにした。それでも改善が見られなければ勧告へと進む。「指導の回数に上限を設け、抜き打ち検査の活用なども決めた。今回のような事件を二度と起こしてはいけない。再発防止に努める」(高井係長)

長野県の検証結果は22年春、環境省を通じ、動物取扱業者の監視・指導にあたる全国の自治体に配布された。同省動物愛護管理室は「繁殖業者やペットショップへの指導、監督体制の充実を図りたい」とその意図を説明した。

全国の自治体の現場では

アニマル桃太郎による大規模な動物虐待事件の発覚を受けて、関係者の間では、業者を指導、処分できていなかった長野県や松本市の責任を問う声とともに、全国の自治体の現場で、飼養管理基準令が適切に運用できているのかどうか、不安視する見方が広がった。そこで私は2021年12月、動物愛護行政を担うすべての都道府県、政令指定都市、中核市に対して調査を行った(129自治体、回収率100%)。繁殖業者やペットショップに対する監視や指導を担う自治体はそのうち107。飼養管理基準省令を適切に運用するカギとなる業者への立ち入り検査について尋ねると、21年度中に全業者への立ち入りを終える自治体は35にとどまった（予定も含む）。経過措置が設けられた飼育ケージの最低面積（容積）にかかわる基準などが施行され始める、22年度中に終える予定の24自治体をあわせても、5割強程度しか立ち入り検査のめどが立っていなかった。

業者に対して、飼養管理基準省令の説明や周知を行えていない自治体も12あった。公益社団法人「日本動物福祉協会」の町屋奈（ない）・獣医師調査員はこう指摘した。「19年の動物愛護法改正によって自治体の権限は強くなった。すべての業者が飼養管理基準省令を守っている状態にするためには、それぞれの自治体が、所管する全業者に対して立ち入り検査を行うことは大前提だ。自治体は業者に対し、計画をもって毅然（きぜん）とした対応をしていく必要があるだろう」

一方で、登録更新時などの例年通りの定期的なものも含めた立ち入りなどにより、飼養管理基準省令に適合していない業者が見つかった自治体は77にのぼった。飼育ケージの最低面積（容積）や従業員1人あたりの上限飼育数など22年6月以降まで経過措置が設けられている基準との乖離（かいり）が大きい業者も、36自治体で確認された。立ち入り検査をすれば、ほとんどの自治体で、飼養管理基準省令に適合できていない業者が見つかることがわかる。

「問題業者を判断しやすくなっていることは確かだ。ただ、見つけたはいいが、これまでのように指導だけを長期間繰り返し、動物たちを苦しめ続けるようでは、意味がない。自治体が、見つけた問題業者にどう対処していくかが問われる」（町屋氏）

「レッドカード基準」は機能しているのか

飼養管理基準省令の制定にあたり、当時環境相だった小泉進次郎氏が「レッドカードを出しやすい明確な基準にする」と表明していたことは、先に触れた。その「レッドカード」につなげやすいと考えられている、飼育ケージの最低面積（容積）や雌犬・雌猫の交配年齢を原則6歳までなどとする規制が既存業者にも適用されるようになったのは、22年6月からだった。この時、従業員1人あたりの上限飼育数に関する規制も段階的な施行が始まっている（24年6月完全施行）。

私は22年12月、いわゆる「レッドカード基準」は有効に機能しているのかどうか、改めて動物愛護行政を担うすべての都道府県、政令指定都市、中核市に調査を行った（129自治体、回収率100％、繁殖業者やペットショップに対する監視・指導を担う自治体はそのうち107)。

まず立ち入り検査はどの程度進んだのか。回答を集計すると、23年度までかかる自治体が41にのぼり、立ち入りを終えるめどが立っていない自治体がまだ27もあった。確認事項が多岐にわたり、検査時間が長くなる傾向があることが背景にあるとみられ、たとえば22年度中に終了予定の岐阜県も「1件あたりの監視・指導の時間が30分程度から1時間程度に増大した」。職員数が限られる中核市を中心に「人員不足のなか業者への立ち入り検査の時間がなかなか確保できない」(福島県いわき市)などの声も寄せられた。

一方、飼養管理基準省令が適切な指導につながっていることは確かなようだ。埼玉県の担当者は「これまでのあいまいな基準では、ケージが『狭い』と指摘しても、業者は『十分だ』と主張して水掛け論になっていた。飼養管理基準省令によって業者からのそうした反論はなくなり、指導が徹底できるようになった。多くの業者で、飼育環境は改善した。今までより立ち入り検査に時間がかかるが、そのぶん将来的に、状態が悪い業者の指導で苦労することは減るだろう」と話す。

調査の自由記入欄には、

「より詳しく、的確に指導できるようになった。犬猫の飼養環境は向上している」(和

歌山県）
「指導のばらつきは確実に少なくなった」（大分県）
「具体的な指導がしやすくなった」（浜松市）
などと、飼養管理基準省令の実効性の高さを評価する声が多く集まった。
結果として、口頭や文書による「指導」の対象になった事業所は全国で計3993にのぼった（一部自治体は延べ数で回答、7自治体は未集計）。98事業所への指導を行った福岡県は「身動きができないような狭さで飼育されていた犬猫の飼育環境が改善された」とする。
ただ「勧告」にまで至ったのは計13事業所にとどまる。行政処分にあたる「命令」が出されたのは2事業所にすぎなかった。環境省が自治体向けに作った飼養管理基準省令の解説書（運用指針）では、問題のある事業者に対して「勧告を速やかに行うことが重要」「勧告を経て、行政処分である命令・登録取消処分等を速やかに行うこと」「躊躇（ちゅうちょ）することなく厳正かつ速やかな対処をすることが法の要請するところ」などとしているのだが……。
たとえば、山形市の担当者は「勧告や命令は業者にとって重い。慎重な判断をせざるを得ない」とする。広島市の担当者も「優良な業者は指導すれば改善するが、自分業者には「何とか改善してくれるよう、繰り返し指導するしかない。何度も電話をかけ、何度も現地に足を運ぶこともある」と言う。

一方、さいたま市では、市内の住宅街で営業を続けてきた猫の繁殖・販売業者に対して21年10月以降、3度にわたり改善するよう勧告を行った。業者は「基準があることは理解するが急には対応できない」などと主張、指導に従わなかった。さいたま市は22年春に業者名を公表し、次いで改善命令も出した。並行して刑事告発の準備も進め、経営者は同年9月、埼玉県警に動物愛護法違反（虐待）の疑いで逮捕された。

さいたま市の担当者は「例年約120件の立ち入り検査をしているが、そのうち半分程度はアポ無しで行う。それでも、この業者もそうだったが、『今日は都合が悪いから後日』などと拒否されて結局、状態の悪い動物を隠されたりする。行政の権限の範囲では無理には押し入れず、飼養管理基準省令が守られているかどうか確認が難しい面もある。警察との連携が必要だ」と話す。

自治体の現場では課題も見え始めた。自治体担当者らから「確認のしようがない」（静岡市）との指摘が寄せられた基準が複数あった。たとえば、運動スペースがない狭めのケージで犬猫を飼育する場合、「1日3時間以上」運動場で自由にさせるという規制がそうだ。鳥取市の担当者も「立ち入り検査の際に1日何回、何匹ずつ運動場に出しているのか尋ね、計算が合うか確認している」というが、そこまでしても、実際のところはわからないと嘆いた。雌の交配年齢や出産回数（犬は6回まで）についても「確認できる範囲は限られている」（さいたま市）という声などがあった。

さらに静岡市は「一番の問題は移動販売。現状の省令では適切な指導、処分が難しい」とし、さいたま市は「動物の健康や安全を守るためには、業者のもとで虐待されるなどしている動物を行政が強制的に緊急保護できるような、さらに踏み込んだ法整備が必要だ」と指摘していた。

見えてきた新たな課題

私は継続的に各自治体の状況をウォッチする必要があると考え、23年12月にも同様の調査を行った（１２９自治体、回収率１００％、繁殖業者やペットショップに対する監視・指導を担う自治体はそのうち１０７）。

立ち入り検査終了のめどがたたない自治体は引き続き27あったが、この調査時点までに、口頭や文書による「指導」の対象になった事業所は全国で計４９９７まで増えていた（一部自治体は延べ数で回答、9自治体は未集計）。やはり「事業者と行政が同じものを見て確認できるため説明しやすい」（福島市）、「指導の根拠が具体化され、（監視・指導の）一助になっていると感じる」（埼玉県越谷市）との声があがった。

ただ、飼育環境を改善するよう「命令」する行政処分が下されたのはいまだ4事業所にとどまり、一方で一つの事業所に対して「指導」だけを3回以上繰り返す、行政処分を躊躇するような事例がみられた自治体は51にのぼった。「レッドカードを出しやすい明確な基準」（小泉氏）として制定された飼養管理基準省令だが、その意味での実効性はいまだ乏しいままのようだった。

もっとも、

「安易な動物取扱業の登録申請が減り、相談段階における抑制になっていると感じる」（徳島県）

「基準に対応できないことが理由と推察される業者の自主廃業が現に確認されている。悪質な事業者の排除という目的の達成には有用であると考える」（沖縄県）

などの指摘もあった。飼養管理基準省令の施行を理由に廃業した業者があったとする自治体は31にのぼった。

一方でこの時の調査では、繁殖を引退した犬猫の取り扱いについて、複数の自治体から問題点が指摘された。
「繁殖引退犬・猫を複数頭飼養している事業者があり、事業所で飼養される犬猫すべてが適切に飼養されるためのルールが必要」（北海道）
「従業員1人当たりの飼養保管頭数が制限されることになったが、引退動物が飼養管理等数に入らないことが抜け道となり、指導が難しくなっている」（福井市）
さらに高松市は「ケージ等の基準や従業員数の基準を満たせば、いくらでも規模を拡大することが可能であり、さらに繁殖引退後に販売に供される犬猫は規制から外れることから、善悪にかかわらず、経済的状況によって起こる飼育崩壊の危険性は残ったままです」としつつ、こう指摘した。「『命』の消費・流通の仕組みがほかの『物』と同じ状態にあることに、無理があるように思います」
飼養管理基準省令で規制する内容は、およそ3年という時間をかけて議論され、犬猫の健康や安全を守るために定められたものだ。施行前からいくつか問題が残されていたことに加え、自治体の現場で運用が始まって見えてきた課題がいくつもある。業者のもとにいる犬猫の飼育環境を確実に向上させ、かつ法令順守を徹底させるために、環境省と各自治体はより一層の努力を払い、知恵を絞る必要があるのは明らかな状況だった。

結果として悪質業者を助けていた

アニマル桃太郎事件の波紋は、ペット業界にも大きく広がった。

アニマル桃太郎は約1千匹の犬を抱え、繁殖業を営んでいた。埼玉県内のペットオークション（競り市）には毎週20〜30匹の子犬を出品。子犬たちはペットショップのバイヤーによって落札され、各地のショップ店頭で販売されていた。

関東地方を中心に約50店を展開するコジマ（東京都江東区）でも販売実績が確認できた。事件発覚の1年前までさかのぼって購入者に連絡を取り、健康に問題があったり血統書が届かなかったりするケースなどについて、返金する対応を取った。

川畑剛社長は「その子犬や子猫を買うことで、結果として悪質業者の営業を助けることを望まない消費者が増えている。私たちも、アニマル桃太郎のような業者から仕入れ、販売している会社だと思われることは避けなければならない」と話す。

ただ、全国に店舗網を張り巡らせて「大量販売」するペットショップチェーンの存在が、繁殖業者に「大量生産（繁殖）」を促している側面がある。子犬・子猫を競り市で取引し、華やかなショップ店頭に並べてしまえば、どんなに劣悪な繁殖場があっても、暗部は覆い隠されてしまう構図が横たわる。

全国に約１３０店を持つＡＨＢ（東京都江東区）も、アニマル桃太郎の子犬を仕入れ、販売していた。従来は繁殖業者との直接取引のみで仕入れをしていたが、コロナ禍で起きた「巣ごもり需要」の高まりなどで子犬・子猫の在庫が足りなくなり、競り市を利用せざるを得なくなっていた。

競り市の取引では、繁殖業者の実態を把握することは難しい。飼育環境に口を出すこともできない。川口雅章社長は言う。「競り市を通じ、付き合いのなかった業者からも仕入れるようになっていた。その一つがアニマル桃太郎だった。家宅捜索が行われたという報道で初めて、問題のある業者と知った。1千匹という規模は聞いたことがなく、驚いた。数百匹単位で犬猫を抱える業者は管理がずさんなところが多く、直接取引ではそういう業者からは仕入れないようにしていた」

同社では事件を受け、この時点で直接取引があった約1千の繁殖業者については、14人のバイヤーが飼育環境を改めて確認し、問題があれば助言するよう徹底した。全体の5％程度を占める競り市からの仕入れは、入荷した子犬・子猫の健康状態を見て、取引先の選別を進めているという。

やはりアニマル桃太郎の子犬を仕入れていた全国約80店を展開するペッツファース

ト（東京都目黒区）の正宗伸麻社長は「ペット業界の将来に不安を覚えさせる、衝撃的な事件だった」と話す。

21年10月、競り市の業界団体「ペットパーク流通協会」（会長＝上原勝三・関東ペットパーク代表）に要望書を提出。業界団体として、取引のあるすべての繁殖業者の飼育管理状況を調査するとともに、情報開示を徹底するよう求めた。

同時に、競り市から仕入れていた分について、繁殖業者との直接取引に切り替えていく方針も明らかにした。実際、22年月6月以降、同社は競り市からの仕入れがゼロになっている。

「事件の再発を防ぐには、やむを得ない決断だ。直接取引に切り替えることで1、2割コストが上がるが、ひざを突き合わせて取引することで、繁殖業者の飼育状況も改善していきたい」と正宗氏は言う。繁殖業者を巡回するスタッフを置く営業拠点を22年春に1カ所増やして計7カ所とし、業者との関係構築をはかる。

同社はあわせて、仕入れた子犬・子猫についての情報開示も始めた。「マンスリーペットレポート」と題して、仕入れた子犬・子猫のうち何匹が売れたのか、一方で何匹が販売前に死んだのか、また何らかの理由で売れなかった数がどれだけいたのか、月ごとに開示することを決めたのだ。正宗氏はこう話す。

「業界に存在する『ブラックボックス』を、まず私たちが解消する。いわゆる売れ残りが出た時にどうするのか、きちんと答えられる会社になりたい」

始まる規制に向けて

2022年6月からは、飼養管理基準省令のうち、激変緩和として既存業者に経過措置が設けられていた、飼育ケージの最低面積（容積）や雌犬・雌猫の交配の上限年齢などに関する規制も始まろうとしていた。

年の瀬が近づく21年12月半ば、JR川崎駅そばの商業ビルに入るペットショップ「ペットプラス」（川崎市川崎区）には、午後8時の閉店直後から続々と資材が運び込まれてきた。飼養管理基準省令のうち22年6月から施行される基準に対応するため、改装工事が急ピッチで行われていた。

寝床や休憩場所と運動スペースが一体の「平飼い用ケージ」は、犬では2匹ごとに、体長の3倍×6倍以上の床面積が求められることになる。体長30センチの小型犬なら1・62平方メートル、ちょうど畳1畳分が最低面積だ。この店舗では展示スペースの多くが0・8平方メートル前後だったため、スペースを区切るガラスの間仕切りを取り外す工事が必要だった。

工事関係者がそろうと、間仕切りが次々と取り外されていく。床にできた溝を覆うため、新たな床材が張られる。壁の隙間にはコーキング剤が注入される。工事は深夜まで及んだ。

翌朝、店舗のスタッフが出勤してきた。改装が済んだ展示スペースの多くは2、3倍に広がっている。バックヤードから子犬を連れだし、相性を見ながら2、3匹ずつ、移していく。スタッフが「広くなったねえ」と声をかける。子犬たちは興味深そうに、スペースのあちこちをかいで回っていた。

全国約130店のペットプラスを展開するAHBは新省令が制定されて以来、各地の店舗で展示スペースを広げたり、運動場を設けたり、バックヤードの犬舎を入れ替えたりと対応に追われた。投資額は「数億円規模」になる。

一方で展示スペースの数は減らさざるを得ない。在庫として抱えられる子犬・子猫の数は2割ほど減る見込みという。川口雅章社長は「様々な犬種・猫種のなかから選びたいという消費者の心理を考えると、在庫の減少は、売り上げに影響すると見ている。でも、すべては動物の幸せのため」と話す。

アニマル桃太郎事件の衝撃がペット業界に広がるなか、ペットショップ各社は新省令に対応するため、店舗の改装工事などに追われた。AHBのように数億円程度の資金を投じたところも少なくない。

ペットショップに子犬や子猫を出荷する繁殖業者はどうだったのか。

22年1月、埼玉県北部で約20年前から犬の繁殖を行う業者の犬舎を訪ねた。

ここでは約90匹のチワワを飼育していた。自宅を兼ねた建物の奥へと進むと、横幅約70センチ、奥行き約90センチの金属製のケージが整然と並べられていた。チワワの平均的な体長は20センチ前後。ケージを寝床や休息場所としてだけ使う場合の最低面積は体長の1・5倍×2倍とされており、基準を満たす広さと言える。1日3時間以上犬を出すよう定められている運動場は、20平方メートル以上のものが三つ、10平方メートル程度のものが二つ。一部に屋根もある。やはり新省令の基準をクリアできている。

ただ、これまで一つのケージに3匹ずつ入れていたのを、省令施行後は2匹ずつに減らす必要がでてきた。そのため、車で10分ほど離れた場所に土地を購入し、トリミングサロンを兼ねた新たな繁殖場を設けた。狭めだった一部のケージも入れ替えた。費用は総額約7千万円。「コロナ禍の巣ごもり需要で子犬を買い求める人が増え、出荷価格が高騰している。その分を貯蓄に回してきたから、これだけの投資ができた」と経営者は話す。

従業員の確保も急務だった。22年6月から段階的に、従業員1人あたりの上限飼育数が減っていく。24年6月以降は、繁殖用の犬では1人15匹までとなる。

このため22年4月、動物関係の専門学校を卒業した新卒2人を採用。経営者自身と妻をあわせて十数人の体制を整えた。「省令がなければ、ここまでやることはなかった。犬たちのためになったことは間違いない」

ただ、順調に飼育環境の改善を進められている繁殖業者ばかりではなかった。大手ペットショップチェーン経営者は「犬舎の改修がぜんぜん追いつかないという話はよく聞く」と言い、別の大手ペットショップチェーン幹部は「従業員確保のための求人の出し方から教えなければいけないところもある」と憂えた。

22年5月23日には、和歌山県白浜町で犬の繁殖業を営む男らが、50匹以上の犬を排泄物などが堆積した劣悪な環境で飼育し、衰弱させるなどしたとして、動物愛護法違反（虐待）などの疑いで和歌山県警に逮捕された。和歌山県は記録に残る16年度以降、計25回もの立ち入り検査をし、飼養管理基準省令に適合していない状態が一部あることも確認していた。

現状を把握し、透明化させていく

２０２２年4月半ばの週末、日本獣医生命科学大学の田中亜紀講師（法獣医学）は、埼玉県北部にある犬の繁殖業者のもとを訪ねていた。約60項目のチェックシートを手に、研究室の学生と犬の状態などを確認していく。

ペットショップが販売用の子犬・子猫を仕入れる競り市の一つ「関東ペットパーク」（埼玉県上里町）の委託で始まった、繁殖業者への立ち入り調査だ。

この日に立ち入った業者は、飼養管理基準省令に対応するため、自宅ごとこの地に転居してきていた。コンクリート敷きのドッグランは3カ所に区切られ、それぞれのスペースで計約50匹の犬たちが思い思いに過ごしている。田中さんたちは、犬の状態を記録に残すため1匹ずつ写真におさめ、犬舎や周辺の臭気と騒音を測定する。

やってきた際には激しく吠えていた犬たちも、いまは静かだ。その様子を見て田中さんは「静かになるまで約10分。繁殖用の犬たちがしっかり社会化されている証拠。日頃から人手をかけて世話がなされている」。

ケージに入れっぱなしでろくに世話をしない繁殖業者では、犬たちの社会化が進まず、調査の間ずっと吠え続ける。「声を張り上げないと会話にならないことも多い」のだとか。

犬たちがドッグランに出ている間に掃除された犬舎内は木製の棚が設けられ、ケージ同士が直接積み重ならないよう工夫されている。夏前にはエアコンを2台、新たに設置するという。「自宅の引っ越しも含めて3千万円以上を投資しました」と経営者の女性は説明した。

田中さんは言う。「ケージの大きさや構造などは行政が新省令に従って確認、指導するはずだから、私たちは犬猫の状態を中心に見ています。個体ごとの管理ができていないずさんな業者が多いなか、ここはすべての犬に名前をつけているなど、いい状態で飼育できている」

田中さんの研究室による立ち入り調査は22年2月から始まった。6月までにまず、埼玉や千葉などの約100業者を調査する予定という。犬舎の一部を見せてくれない業者や、広めのケージを導入していても犬や猫が常同行動を起こすなど適切な世話ができていない業者も少なくない。ただ、田中さんは「オークションが、第三者の目で繁殖業者を調査するという取り組みは、これまでに無かったこと。まずは現状を把握し、それを透明化させていく意義は大きい。今後は、問題があるとわかった業者に対して改善を促していけるかどうかが課題になる」という。

立ち入り調査を始める大きなきっかけこそ、アニマル桃太郎による動物虐待事件だった。実はアニマル桃太郎は、関東ペットパークで子犬を出品し、各ペットショップチェーンなどに販売していた。関東ペットパーク代表の上原勝三氏はこう話す。

「行政が第1種動物取扱業者として登録を認めていれば、うちとしては、法令を守っている業者だと判断するしかない。それなのにアニマル桃太郎の事件は起きた。結果、オークションの利用を怖がるペットショップが出てきた。それなら、自分たちで調査するしかない」

関東ペットパークで取引のある繁殖業者は約600にのぼる(22年時点)。当面は、調査の受け入れを承諾するなどした約200業者への立ち入りを急ぐ。ゆくゆくは優良な繁殖業者を認定し、その情報をペットショップ側に公開することも考えている。

上原氏が会長を務める競り市の業界団体ペットパーク流通協会の会員のなかには、追随する動きを見せるところもあるという。上原氏は言う。

「取引先を信用していないかのような調査をすることに、反対の声もあった。でも、再びアニマル桃太郎のような事件が起きれば、業界全体がつぶれてしまう。まずはうちの取引先だけでも、なんとかやり抜きたい。業界全体のことを考えれば、飼養管理基準省令に対応できない業者には退場してもらうしかない」

「軽い」判決

2024年5月10日、長野地裁松本支部（永井健一裁判長）は「アニマル桃太郎」を経営していた百瀬耕二被告に対し、懲役1年執行猶予3年、罰金10万円（求刑懲役1年、罰金10万円）の判決を言い渡した。

判決ではまず動物虐待罪について、犬を狭いケージのなかに閉じ込めたまま、必要な世話をほとんどせず、きわめて不衛生かつ劣悪な飼育環境に拘束することにより計452匹を衰弱させたと認定した。ケージの下に備え付けられたトレーには長期間にわたって排泄物が放置され、眼病の原因になるほどの臭気に、犬たちをさらすなどしていたという。永井裁判長は「過去に例を見ない悪質なもの」「動物愛護法の精神に真っ向から反するものであり、強く非難すべきである」とした。

さらに、獣医師資格を持たない百瀬被告が、適切な麻酔措置を講じることなく母犬5匹に対して帝王切開を行った行為は、「母犬に無用な苦痛を与えるもの」だったと判断。動物殺傷罪にあたるとした。この日の公判で紹介された、アニマル桃太郎の元従業員の供述によれば、メスで腹部を切開すると母犬たちは「声を振り絞るように鳴いたり、頭を振ったり、身をよじらせたり」したという。

事件の衝撃の大きさ、認定された事実に比べ、量刑は懲役1年執行猶予3年、罰金10万円という「軽い」ものになった。動物愛護法の改正に携わってきた関係者らからは「期待外れの判決」などと、疑問の声があがった。

19年の動物愛護法改正で動物殺傷罪の罰則は、もともと「2年以下の懲役又は200万円以下の罰金」だったものが、「5年以下の懲役又は500万円以下の罰金」まで引き上げられた。判決ではそのことを考慮したというが、上限の「懲役5年」からはほど遠く、執行猶予も付けられた。

一方、同じ19年改正で、動物虐待罪の罰則には「1年以下の懲役」が加えられている。判決では計452匹の犬を衰弱させたと認定し、動物虐待罪についても有罪としている。だが452匹もの犬を虐待しておきながら、罰則の上限が「1年以下の懲役」というのも、一般的な感覚として受け入れにくいものがあった。

司法がこの程度の判断しかできないのであれば、「虐待的な飼育環境に置く」ことがイコール「コストダウン」となる繁殖業者やペットショップによる動物への虐待や殺傷は、今後もなくなることはないだろう。この判決は、今後の動物愛護法改正の議論にも、少なからず影響を与えることになりそうだ。環境省は、飼養管理基準省令の解説書の冒頭にこう書いている。

「これまでの幾度にわたる法改正においても、改正の度に動物取扱業に関する規定が追加・変更されてきたにもかかわらず、動物取扱業者による不適切な飼養等が見受けられ、速やかな改善が図られなかったことが、今回（2019年）の法改正につながっており、このことは、動物取扱業者はもちろん、それを指導する立場にある行政や、そういった動物取扱業者を利用する消費者も含めて、重く受け止めなければならない事実である」

「下請け愛護」とは

アニマル桃太郎事件は、近年のペットビジネスにまつわる別の問題にも焦点をあてることになった。

東京・池袋から東武東上線で30分ほどのふじみ野駅で降り、さらにバスと徒歩でおよそ30分。住宅と畑が混在するなかを歩いていると、犬たちの鳴き声が聞こえてきた。右手にNPO法人「ペット里親会」（埼玉県ふじみ野市）の保護施設が立ち並ぶ。

ここには常に、約200匹の犬猫が保護されている。2021年12月半ば、代表の上杉美恵子さんを訪ねた。

上杉さんは1992年に個人で保護活動を始めた。NPO法人化したのは2001年。毎年数百匹単位の保護犬・保護猫に新たな飼い主を見つける、名の知れた動物愛護団体に成長させた。そんな上杉さんの活動に、アニマル桃太郎による動物虐待事件の発覚をきっかけとして、にわかに注目が集まった。ペット里親会が、アニマル桃太郎のもとにいた犬約400匹を引き取ったからだ。

2021年9月2日、長野県警の捜査員らが動物愛護法違反（虐待）の疑いでアニマル桃太郎の繁殖場に家宅捜索に入ると、すぐに動いたのが、子犬・子猫の競り市「関東ペットパーク」を運営する上原勝三代表だった。前述の通りアニマル桃太郎は、この競り市での取引を通じて、ペットショップに子犬を販売していた。

上原氏は長野県警の捜索が入った翌9月3日、車で松本市内の繁殖場に駆けつけた。その日のうちに、成犬と子犬あわせて約400匹を運び出した。「事件が発覚してバタバタと従業員がやめ、まったく管理ができなくなっていた。放っておいたらひどいことになるのが目に見えていた」と振り返る。

一方でこの時、松本市保健所も受け入れ態勢を整えていた。約50匹分のケージと収容施設を確保、逐次新たな飼い主を見つけていく計画だった。

上原氏が犬たちを運び出しに来た当日、その直前に実際、アニマル桃太郎の経営者を説得し、21匹を引き取っている。さらに約30匹を引き取る約束を取り付けていたが、「翌9月4日にはほとんどいなくなっていた。『付き合いのある業者に相談したら全部引き取ってくれると言うから渡した』と説明された」（松本市保健所食品・生活衛生課の大和真一課長）。

上原氏は最終的に、長野県警と松本市が確保した犬以外のほとんど、900匹近くを引き取った。そのうち、獣医師資格を持たない経営者によって帝王切開されたために「素人が縫って癒着し、ひどい痕が残っている犬」や「ケージに入れられっぱなしだったので歩けない犬」、「人気がなくてもらい手がみつけにくい犬種」など数十匹を上原氏自身の判断で手元に残し、それらをのぞいた犬を「保護犬」として、動物愛護団体や譲渡活動に協力的なペットショップに引き渡した。松本市保健所が引き取りを計画していたことについては「知らなかった」という。

その半数近くを引き受けたのが、ペット里親会だった。このために「下請け愛護」と呼ばれ、批判が集まることになった。

「下請け愛護」とはどのような存在なのか――。神奈川県内の犬の繁殖業者への取材から、その実態が見えてきた。

「里親探しに困ってませんか?」

「うちで引き取りますよ」

近年、その繁殖業者のもとには、こうした電話やメールが毎月のように寄せられるようになったという。相手は動物愛護団体。業者が繁殖から引退させる犬を求め、連絡してくるのだ。「ほかのブリーダーさんのところに『犬が足らない』と言って連絡してきた団体もある。団体間で、業者の犬の取りっこが始まっているようです」

動物愛護団体の多くはこれまで、もともと野良だったり、捨てられたりして地方自治体に収容された犬を保護し、それらを「保護犬」として新たな飼い主に譲渡する活動に力を注いできた。

だが、2022年度に全国の自治体が引き取った犬は2万2392匹(負傷動物を除く)。02年度には21万9千匹余り(同)が引き取られていたから、この20年で10分の1程度に減ったことになる。自治体の収容数が減れば、自治体がらみの保護活動は下火になってくる。こうしたなかで、業者の犬を引き取り、保護することに軸足を移す団体が増え始めたのだ。

先の繁殖業者も、以前は自分たちで繁殖引退犬のもらい手を探していた。そのために面と向かって「(繁殖犬の)使い捨てだ」と非難されることもあったという。だが数年前から、動物愛護団体に引き取ってもらうようになった。

「自分でもらい手を探すより楽。どんどん持っていってくれて助かってます。『使い捨て』批判も受けなくて済む。繁殖を続けていくのに、いまは団体さんがいないと困るというのが現実」

そう歓迎する。ただ、業者の犬を引き取っている動物愛護団体が時に、ホームページなどで「レスキューしました」などとうたい、業者を批判してくることには違和感を覚える。「タダで持っていって、たいして人手もかけずに右から左に譲渡して、経費がかかったと言って10万円くらい取る団体もなかにはある。少なくない団体が『中古市場』でうるおっている。いまや業者と団体はウィンウィンの関係でしょう。業者を非難するのは違うのではないか」

こうした現実を受け、業者からの引き取りを中心に活動する動物愛護団体は「下請け愛護」などと呼ばれ、一部で問題視されるようになった。

繁殖を引退したり、売れ残ったりした犬の余生は確かに守られる。だが同時に、一連の活動は結果として、本来なら業者が負担すべきコストを、ボランティアの力で肩代わりする形になってしまっている。率先して不要になった犬を引き取ることで飼育スペースが空き、業者が、新たに繁殖用の犬猫や販売用の子犬・子猫を仕入れる手助けをすることにもつながる。「下請け愛護」の活動は、業者の事業継続を助けている側面があるのだ。

公益財団法人「動物環境・福祉協会Ｅｖａ」理事長の杉本彩さんもこう指摘する。

「繰り返し繁殖を強いられてきた犬たちに手厚い保護が必要なことは確かです。でも、繁殖業者の負担を肩代わりするような形での引き取りを続ければ、それは業者支援につながる。繁殖業者のもとで虐待的な扱いを受ける犬たちが存在する状態を、エンドレスで維持することになる」

繁殖引退犬・猫にしても、ペットショップで販売できなかった子犬・子猫にしても、何らかの形で命を救う仕組みが必要なことは間違いない。だがその役割を動物愛護団体に丸投げしている構図は、どこかおかしい。

ペット里親会も長く、自治体が収容した犬猫の保護を中心に活動してきた。だが近年は、業者からの引き取りが主になっていた。競り市から相談を受けて引き取ることも少なくなく、年によっては犬猫あわせて約1千匹を業者から受け入れているという。

上杉さんも当初は、業者が自助努力すべきだと考えていた。だが業者のもとにいる犬猫の劣悪な飼育環境を目の当たりにした。その引き取りを渋ると、多くの業者から「なら捨てに行く」「穴を掘って埋める」などと脅された。それならばと廃業するよう説得すると、「もう、こないで」と追い返された。そんな経験を重ねて、こう考えるようになった。

「助けられる命が助けられなくなるほうが問題。私たちが引き取らなくなっても、業者は繁殖をやめない。捨てたり、殺したりするだけ」

「下請け愛護」だと批判されていることは、上杉さんも知っている。アニマル桃太郎の犬を引き取ったために、批判の声が高まったことも。上杉さんは言う。「アニマル桃太郎の犬は、廃業すると聞いたから引き取った。それが大前提だった」

ペット里親会では、業者から引き取った犬猫を不妊・去勢手術し、血液検査や狂犬病予防注射をはじめとするワクチン接種を行い、マイクロチップも装着したうえで「きちんとした飼い主さんにつなぐ」（上杉さん）。かかった費用に相当する金額は、新たな飼い主から寄付として受け取る。有給の獣医師やトリマーもいて、病気や障害のために売れなかったような犬猫の健康管理にも万全を期している。

「問題」はどこにあると思うのか、上杉さんに尋ねた。

上杉さんは「安易に買う人が悪い。ブームをあおるマスコミも問題。私だって生体販売ビジネスには『反対』です。『賛成』しているのは買う人たち。もうかる状況を、消費者とマスコミが生み出した結果、いまは競り市で10匹売れば200万円くらいになる。だから、以前にはなかったような数百匹も抱える業者まで出てきている。どんなに劣悪な業者でも、一般の人がそこから子犬や子猫を買うから、事業を続けられる。買う人がいなくなれば、廃業する業者は増えますよ」と答えた。

出生日偽装

地方自治体とペット業界が飼養管理基準省令に向き合い、一方でアニマル桃太郎事件の波紋が収まらないなか、2019年の動物愛護法改正のもう一つの「目玉」だった、生後56日以下の幼い子犬・子猫の販売を禁じる「8週齢規制」についても、ほころびが顕わになっていた。

埼玉県上里町の国道沿いに立つ「関東ペットパーク」では毎週水曜日、ペットショップが子犬・子猫を仕入れるオークション（競り市）が開かれる。2024年2月下旬、取材で訪れるとこの日も、約800匹の子犬・子猫が出品されていた。

ローラーコンベヤーで運ばれてくる子犬や子猫がショップのバイヤーたちに披露され、次々と落札されていく。天井からつり下がったモニターには、出品者である繁殖業者名のほか両親の体重や遺伝子検査の結果など子犬・子猫にかかわる情報が表示されている。そのなかで出生日に注目していると、すぐにおかしな点に気付く。

出品される子犬・子猫の6割ほどが開催日の57日前、2割ほどが同58日前に生まれていて、明らかに出生日に偏りがあるのだ。競り市の業界団体「ペットパーク流通協会」の会長も務める上原勝三代表は言う。「8週齢規制にギリギリ引っかからない日に生まれた子が多くを占める。こんな偶然あるわけないと思ってはいるが、（出品する繁殖業者ら）本人たちがそうだと言うなら、何も言えない」

悪質な繁殖業者やペットショップを改善、淘汰する最大の「切り札」として導入された、幼い子犬・子猫の心身の健康を守る8週齢規制。激変緩和のための経過措置が設けられていたが、21年6月、ついに施行された。だが、その実効性には当初から疑問符がつきまとっていた。

振り返れば12年の動物愛護法改正において8週齢（56日齢）規制には附則がつけられ、その施行当初はペット業界が主張する「45日齢規制」、16年9月以降は「49日齢規制」が施行されていた。だがペット業界の主張を上回る49日齢規制が施行されたころから既に、「出生日偽装」が取り沙汰されていた。

ペットの誕生日を祝う。犬や猫などを飼っている人なら年に1度、そんな機会を持つこともあるだろう。でももし、その日が「本当の誕生日」ではなかったとしたら──。これは、ペットの心身の健康にかかわるきわめて重要な問題でもある。にもかかわらず、あまりにずさんな実態があった。

「飼い主さんは血統書を見てその子の誕生日を祝っているのに、こんなひどい話はありません」

49日齢規制が施行されたころ、ある大手ペットショップチェーンの幹部は私の取材にそう話し始めた。この幹部が証言したのは、子犬や子猫の繁殖業者の一部が、その出生日を実際よりも早めに偽っているという事実だった。

12年の動物愛護法改正より前、販売される子犬・子猫の週齢（日齢）を巡ってなんの規制もないころは、5週齢（生後35～41日）程度での出荷・販売が主流だった。このため、以前のように生後49日以下で販売したい一部の繁殖業者が、ペットショップに出荷する際、出生日を数日から1週間程度早く偽っていると、このペットショップチェーン幹部は明かしたのだ。飼い主の手元にくる血統書には、「偽りの誕生日」が載ることになる。

別の大手ペットショップチェーンの経営者も「(出荷の際に)ウソの出生日を書いてくる人(繁殖業者)はいる。実際に、生後49日を過ぎているにしてはどう見ても小さすぎる子が入ってくることがある」と証言した。このため同チェーンでは、繁殖業者の言う出生日をうのみにしない。犬種ごとに独自に最低体重を設定し、それをクリアしていなければ仕入れない、内規を作っているという。

ただ、この経営者は「うちが仕入れなければ、そういう子たちでも気にせず売るペットショップチェーンに流れていく。同じ犬種ならより幼く見える、小さな子のほうが高く売れるのが現実。法律を守ろうとするほうが不利になる、不公正な競争環境になっている」と嘆いた。

出生日を偽ってまで早めに出荷する繁殖業者がなぜ存在するのか。理由は、二つある。一つは、消費者ができるだけ幼く見える、小さな子犬、子猫を好む市場環境だ。自身も出生日を偽装して出荷していたと明かす関東地方南部の繁殖業者は、「ペットオークション(競り市)では見た目が幼く、小さい子のほうがもてはやされる。(出生日を偽装して生後40日を過ぎた程度で出荷すると)最大5万円くらい落札価格がかわってくる」と話す。

もう一つが、飼育コストの問題だ。子犬や子猫は一般的に、ぎりぎり6週齢ごろまでなら、母親任せで育てられる。だが本格的に離乳するその時期より後になると、母親が授乳を嫌がるなどし、人間が離乳食を与えたり世話をしたりする必要が出てくる。このため、人手もエサ代も余分にかかるようになる。同時に、母親から受け継いだ免疫が減り始めることから、手元に置いておくには普通は、混合ワクチン接種が必要になる。「こういうコストをブリーダーさんたちは嫌がる」と前出の大手ペットショップチェーン経営者は言う。

だが子犬や子猫は、あまりに早く生まれた環境から引き離されると、かみ癖などの問題行動を起こしやすくなったり、免疫が不安定な時期に流通させられることで感染症にかかりやすかったりする。これらの問題を「予防」するために、19年の動物愛護法改正で8週齢規制は実現したのだ。

実際、8週齢規制の実効性はどの程度あるのか――。私は販売の現場を取材するとともに、23年12月に行った動物愛護行政を担う都道府県、政令指定都市、中核市に対する調査（129自治体、回収率100％）で、8週齢規制の運用状況についても詳しく尋ねた。

その結果、8週齢規制の実効性の低さが改めて浮き彫りになった。業者に対する監視や指導を担う107自治体の大多数（106自治体）がその順守状況を確認しようとしており、うち82自治体については四つ以上の手段を用いて出生日や出荷日をチェックしていた。だが、現状で「実効性が高い」と考えているのはわずか2自治体だけだった。

環境省が24年2月に公表した調査結果でも「多くの犬又は猫について生年月日の改ざんがなされていることが強く疑われた」と結論付けており、各自治体の問題意識を裏付ける。

こうしたことから自由記入欄には「（現行制度を）検証したうえで、実効性が高い方法を検討すべきだ」（青森県）などの声が寄せられた。なかでも出生日の偽装を防ぎ、行政として客観的な確認ができるよう「（獣医師による）出生証明書の義務付け」（55自治体）や「出荷可能体重などの別基準の設定」（43自治体）を求める自治体が数多くあった。

競り市（ペットオークション）に出品するタイミングでの偽装が強く疑われることから「オークションに出生証明などの確認を義務付け」（福岡県）、「最終的にはオークションの廃止が必要」（北海道）などの意見も相次いだ。

繁殖業者が出生日を改ざんする背景に、飼育コストの削減のほか、消費者が小さな子犬・子猫を好んで買い求める傾向があり、小さいうちに出荷するほうがより高値で売れる業界特有の事情があることに着目した自治体もあった。島根県は「消費者への啓蒙（けいもう）が必要」、静岡市は「超小型だったり未熟だったりする子犬・子猫は身体が弱い傾向があり、飼ううえでリスクがあることを購入者に普及啓発するべきだ」と指摘した。

・「正直者が馬鹿を見る」状況に

ペットショップチェーン大手に取材すると、出生日偽装が疑われる個体について、身体的な弱さをうかがわせるデータも判明した。

年間約5万匹の子犬・子猫を販売するペットショップ大手Ｃｏｏ＆ＲＩＫＵでは競り市、繁殖業者との直取引、自社グループの繁殖場という三つのルートから仕入れを行っている。直近2年分となる約7万匹の子犬の体重データを分析すると、競り市や繁殖業者との直取引で仕入れた個体は、グループ会社が経営する8週齢規制を確実に順守している繁殖場から仕入れた個体に比べ、「あからさまに（体が）小さいことがわかった。ごまかされているところがあると考えざるを得ない」（大久保浩之社長）という。

前者2ルートで仕入れた子犬が、グループ会社の繁殖場から仕入れた子犬の入荷時の体重に達するまで、犬種によってばらつきはあるが2～3週間かかることも判明した。そのうえでそれぞれのルートから仕入れた子犬の死亡率を調べてみると、グループ会社の繁殖場からの個体は0・67％だったのに対し、オークション経由では1・03％、繁殖業者との直取引では1・26％と、1・5～2倍も高かった。

子猫の死亡率にも同様の傾向がみられ、グループ会社の繁殖場からの個体が1・69％だったのに対し、オークション経由は3・27％、繁殖業者との直取引では2・96％だった。

大久保氏は「仕入れた後の飼育環境は全く同じなのに、これだけの差が出た。子犬・子猫の健康にとって2～3週間の成長の差がいかに大きいかよくわかる。もともと業界内では、生後45日くらいまでが子犬の見た目が最もかわいい時期と考えられていて、実際いまでも同じ犬種や毛色なら小さいほうが高く取引される。2～3週間ごまかせば、差額は5、6万円になる。こうした商習慣が抜けないのではないか」と話す。

繁殖業者による法令違反が横行するのであれば、ペットショップとしては「自衛」するしかない。

Ｃｏ＆ＲＩＫＵではグループ会社の繁殖場から仕入れる割合を増やしていく方針を掲げつつ、子犬・子猫をオークションなどから仕入れる際の社内基準として、最低体重など別の線引きを検討するという。同時に、「繁殖業者が規制を守るよう、オークションはより厳しく監督する体制を整えてほしい。８週齢規制が徹底されれば、流通する子犬・子猫の死亡率は確実に下がります」（大久保氏）と注文をつける。

一方、全国に約１３０店を展開するＡＨＢは現在、ほとんどを繁殖業者との直取引で仕入れていて、以前から仕入れ時の最低体重を犬種・猫種ごとに定めている。トイプードルやチワワであれば４５０グラム、ミニチュアシュナウザーであれば７００グラム、ペルシャ猫であれば６００グラム——といった具合だ。

「日齢が規制に満たない子を仕入れてしまうと、フードを食べなかったりすぐに下痢になったりと様々な問題が生じる。生後56日を超えていると言われても、体重が基準に満たない場合は仕入れません」と川口雅章社長は言う。それでも、繁殖業者の側に「ごまかす動機」があることには不安をおぼえる。繁殖業者は、早めに出荷すれば飼育コストが削減できる。消費者がより小さな子犬・子猫を好むため、取引価格は小さければ小さいほど高くなるのも確かだ。

川口氏はこう話す。「ペットショップの側でできることは限られていて、今後、(取引先の繁殖業者の) 犬舎や猫舎にカメラを付けてもらったり、(繁殖実施状況記録の) 台帳などを電子化して交配日から入力してもらったりといったことを検討しているところです」

コジマは21年6月、千葉県市川市内に約3億円をかけて、仕入れた子犬・子猫の健康を管理する「ウエルケアセンター」を新設した。原則1週間程度この施設にとどめ、社員の獣医師らが健康状態を見極めてから各店舗に送り出す体制を整える。状態が悪ければとどめる期間を延長し、治療などを施す。

現実問題として、競り市経由で仕入れる子犬・子猫のなかには「食が細かったり、体調が安定していなかったりという子が多い。(競り市に出品される個体について) 同じ日に生まれた子がたくさんいて (出生日偽装の) 懸念があることも確か」(川畑剛社長) なことが背景にある。

仕入れる際にはやはり最低体重を基準として設けてはいるが、「出生日を第三者がチェックできる法制度になっていないなかでは、子犬・子猫の健康は自分たちで担保するしかない。現状ではこれが、小売業者としてのリスクヘッジ」と川畑氏は言う。

消費者への普及啓発を目的に23年10月から提供を始めたアプリ「育(ハグ)ワン」なども駆使しつつ、対応を急ぐ。

ペッツファーストはアニマル桃太郎事件を受けて、競り市での取引をやめ、すべての仕入れを繁殖業者との直取引でまかなうようになった。バイヤーは繁殖業者のもとをこまめに回り、交配日から把握。以降、繁殖業者と連絡を取り合いながら、出産までの経過を追っていく。チェーン全体の販売計画を立てるのが目的の業務だが、結果として出生日偽装のリスクを低減できているという。

また実際に仕入れる段階では、繁殖業者の側が「生後56日を超えている」と言っていても、まだ体が小さすぎたりする場合にはバイヤーのほうから「翌週(の出荷)に回してください」などと提案するようにしている。この際、仕入れ値は、体が大きく育った1週間後でも基本的に変更しない。こうした対応には、繁殖業者に出生日を偽装する「動機」を持たせないようにする効果があるという。正宗伸麻社長は「とにかく健康な子を確保するためです」と話す。

同社は24年4月23日、繁殖業者から仕入れる際の取引基準を「60日齢以上」に引き上げることも発表した。将来的には、さらに「9週齢(63日齢)」まで引き上げたいとしている。

出生日偽装の「舞台」として強く疑われている競り市でも、一部の会場が対策を始めた。

毎週水曜日が開催日の関東ペットパークでは24年春、出品時の体重、門歯の生え具合、獣医師による出生証明書の有無を「出荷可否判定基準」とする方針を打ち出した。子犬・子猫を出品する繁殖業者にこれらの情報の提供を求め、「総合的に判断したうえで、明らかに幼いと認められる場合は出荷を拒否させていただく」(上原勝三代表)とする。

24年5月から、出荷が可能な最低体重を600グラムとする可否判定の本格運用を始めた。すると「一目で違いがわかるほど、サイズが大きくなった。これまで市の開催日の57、58日前に集中していた出生日も、かなりばらつくようになった」(上原氏)。

だが一部の繁殖業者は「それならもう出さない」などと面と向かって言い放ち、何も対策していない別の競り市に流れたという。関東ペットパークではこのため、対策を始める前には1日800~900匹あった子犬・子猫の出品数が、200~300匹も減ってしまった。

このままでは、正直者が馬鹿を見る。何ら対策をせず、出生日偽装の可能性が高い小さな子犬・子猫の出品を容認する競り市のほうが、そうした子犬・子猫を無条件に仕入れるペットショップのほうが、より高い収益をあげられる状況になってしまっている。出荷する繁殖業者も同様だ。

結果、出生日偽装に歯止めはかからない。犬猫の心身の健康は守られず、なんとか法律を守ろうとする者は損をする——。どう考えても、現状のままでいいはずがなかった。法制度を改め、8週齢規制の実効性自体を確実に高める必要性が、急速に高まった。環境省は24年6月27日に開かれた中央環境審議会動物愛護部会において、8週齢規制の実効性を高める目的で、飼養管理基準省令の改正案を提示した。あわせて、8週齢規制に違反した場合の直罰規定などを設けるために法改正が必要だとし、国会議員らへの説明を始めた。

5度目の法改正に向けて

こうしたなかで超党派の「犬猫の殺処分ゼロをめざす動物愛護議員連盟」（会長＝逢沢一郎衆院議員）を中心に、制定以来5度目となる動物愛護法の改正議論が進み始めている。超党派議連は「先手」を打つように2023年8月25日、再び動物愛護法改正プロジェクトチーム（PT、座長＝牧原秀樹衆院議員）を立ち上げた。

PT座長の牧原氏は特に8週齢規制を巡る「出生日偽装」問題について、24年3月18日、東京・永田町の衆院第1議員会館で開かれた会合でこう語った。

「8週齢規制は前回法改正の要だった。罰則強化なども視野に入れつつ、一日も早く是正しないといけない。最重要事項と認識している」

「真に動物を守れる」動物愛護法とするために、次の法改正ではほかにどのような規制や制度が求められているのだろうか。早くも動き出した次期動物愛護法改正を巡る議論の行方を追った。


「前回の法改正で厳罰化は進んだ。でも現行法のままでは、虐待されている動物を確実に助け出し、保護することができません」

23年10月上旬、東京・永田町の衆院第1議員会館で開催された、次の動物愛護法改正のあり方を考えるシンポジウム。国会議員も含めた約200人を前に、公益社団法人「日本動物福祉協会」の町屋奈・獣医師調査員はそう訴えた。

どういうことか。町屋さんはいくつか事例をあげた。

たとえば、虐待されて死にかけている猫を発見しても、所有者（飼い主）の許可がなければ助け出せない。
真夏の車内に置き去りにされた犬がいても、所有者を探したり獣医師に状態を確認してもらったりと手順を踏む必要があり、対応に時間と手間がかかる。
警察が介入して虐待の証拠品として動物を押収できたケースでも、捜査が終わって返還を求められたら、再び虐待されるおそれが高くても所有者のもとに返さなければならない――。

こうした状況を打開するのに必要なのが、虐待されている動物をまずは行政がすばやく助け出せるようにするための「緊急一時保護」制度と、虐待した所有者がその動物を引き続き飼育できないようにする「飼育禁止命令」制度だという。町屋さんはこう話す。「次の法改正で、より動物を守るための法律に発展してほしい」

１９７３年に議員立法で制定され、４度の改正を経てきた動物愛護法。動物愛護団体などからは、いまだ「真に動物を守れる法律」になっていないと声があがる。最大の焦点になりそうなのが、緊急一時保護と飼育禁止命令の制度導入だ。

動物愛護法にかかわる事務を実際に所管する地方自治体の現場からも要望があがる。２０２２年に猫の繁殖業者が動愛法違反（虐待）容疑で逮捕される事件もあったさいたま市の担当者は、「虐待されている動物を行政が強制的に保護できる制度があれば、対応の幅は確実に広がる。動物の健康と安全を守るため、ぜひとも必要な制度だ」とする。

人と動物が共生する社会をめざして活動する一般財団法人「クリステル・ヴィ・アンサンブル」代表でフリーアナウンサーの滝川クリステルさんも23年9月、オンライン署名を立ち上げた。

滝川さんはこの2年余り、動物虐待を発見した際には警察などに迅速に通報するよう啓発するキャンペーンを展開してきた。だが、「勇気を出して虐待を通報しても、動物を適切に助け出すことができない実態が見えてきた。保護活動の現場で多くの人がこの壁に直面し、悩んでいる。世論の力でなんとか打破したい」と話す。24年6月30日時点で4万5千筆余りの署名が集まっている。

犬猫の繁殖業者やペットショップなど営利を目的とした第1種動物取扱業者に対する規制は19年の法改正でかなりの前進がみられたが、それでもまだ「不十分」という声が根強い。町屋さんが登壇した冒頭のシンポジウムを主催する公益財団法人「動物環境・福祉協会Ｅｖａ」理事長で、俳優の杉本彩さんは「法の網をかいくぐるようにして動物を劣悪な環境に置く業者があとを絶たない」と指摘する。

業者へのよりいっそうの規制として強く求められているのが、イベント会場などで短期間の安売り販売をする「移動販売」の禁止と、生後56日以下の子犬・子猫の販売を禁じた「8週齢規制」の強化だ。

前述の通り特に8週齢規制については、業者による「出生日偽装」が横行しており、行政も対応に苦慮している現実がある。杉本さんは言う。

「幼齢動物の販売は、消費者の衝動買いや繁殖業者による乱繁殖の原因になっている。動物と消費者を守るため、絶対に改正する必要がある。海外では一部でペットショップにおける犬猫などの販売を禁じる流れが出てきているが、日本においても今後、まずは幼齢犬猫の販売禁止を訴えていきたい」

また移動販売を巡っては業界側からも「売ったあとに病気になったなどのトラブルが多いが購入者へのフォローを行わず、『売り逃げ』のようになっている実態がある。業界全体の評判を下げている」（一般社団法人「ペットパーク流通協会」の上原勝三会長）などの批判が出ている。

上原氏自身が運営する競り市では、「移動販売をやっている業者は出入り禁止にした」という。行政からは「法令違反があっても、すぐに去っていくので指導が困難」（静岡市動物指導センター）などの指摘があり、規制強化が急がれている。

ほかにも、営利と非営利の境目がわかりにくい活動を展開する事例が散見されるようになってきた、「第2種動物取扱業者」としての届け出が求められている動物愛護団体に対する規制強化や、保護対象とする動物の両生類や魚類への拡大、畜産動物を保護する規定の明文化などを求める動きが活発化している。

さらに、これまで研究者らの強い反発があって動愛法による保護や管理が行き届かなかった実験動物を巡っても、法律を所管する環境省が動き出した。

23年10月中旬、福島市内で開かれた「日本実験動物技術者協会総会」のセミナーに、環境省動物愛護管理室の吉澤泰輔・室長補佐が登壇した。

19年の法改正で附則に、実験動物を動愛法で保護できるようにするため、その飼育・保管する施設を「動物取扱業者」に追加するかどうか検討することなどが盛り込まれたことについて「(立法府からの)宿題」と説明。「現在、国内の動物実験施設は(省庁を横断する)統一的な把握がなされていない。まずは実験動物の取り扱い実態について統一的、網羅的に把握するために、調査を行う」などと話した。

会場からは「法改正に向けて実態調査をすることで(動物実験への)国民の理解が深まると思う」「(実験動物の飼育管理にあたっている)技術者は『五つの自由』(を基本とする動物福祉)に重きを置き、日々動物に接している。今後、現場の声も取り上げてほしい」などと、調査に対して前向きな反応があった。

調査は22年度中に行った動物実験の実績や目的、入手した動物の種類や頭数など計約30項目にのぼる。環境省によれば23年10月から調査を始めており、今後、有識者による評価委員会を開いて調査結果の取りまとめを行う予定という。

加速する次期動物愛護法改正に向けて、地方自治体の現場はどう考えているのか――。先に示した23年12月の動物愛護行政を担う都道府県、政令指定都市、中核市への調査（129自治体、回収率100％）では、現場をあずかる行政としてさらにどのような法制度が必要と考えているのかも聞いた。

すると、動物取扱業に関する事務を取り扱わない中核市（22自治体）を中心に「無回答」とする自治体が少なくなく、一方で制度の詳細が不透明な段階では「わからない」とする自治体も多かったが、それでも「移動販売の禁止」や「日本犬6種への8週齢規制の適用」を求める自治体が60近くにのぼった（「どちらかと言えば必要」も含む）。

多くの動物愛護団体が要求している「緊急一時保護」や「飼育禁止命令」の制度導入についても、必要と考える自治体が50以上あった（同）。

超党派議連の動物愛護法改正PTで座長を務める牧原秀樹衆院議員は言う。

「人と動物がともに幸せに暮らせる社会に向かっていくためにどのような法改正が必

要なのか、議論を重ねていきたい」

超党派議連は25年の通常国会での法改正をめざしている。

終章

幸せになった猫

「ひなたぼっこ」

埼玉県中部の高台に立つ五十嵐家を訪ねたのは、２０１５年12月半ばのことだった。日当たりのいい居間のこたつ布団のうえで、マチルダはまどろんでいた。五十嵐晴江さん（68）はそっとなでながら、こう話した。

「ひなたぼっこが大好きなんです。いつも、家で一番日当たりのいい場所にいます」

10歳になるマチルダは、その猫生の多くを、ひなたぼっこなどできない過酷な環境で過ごしてきた。アメリカンカールの純血種であるマチルダは、繁殖用の雌猫だった。7歳まで、繁殖業者のもとで糞尿（ふんにょう）にまみれて生きていた。ボランティアらによって保護された時、毛にまとわりついた糞尿が毛玉と一緒に固まり、身動きもままならない状態だったという。

繰り返し繁殖に使われたため、身体もボロボロだった。歯が抜け落ち、酷い口内炎になっていた。マチルダがいまも口から舌を出している状態なのは、そのためだ。

そんなマチルダと五十嵐さん一家との出会いは、埼玉県川越市の保護猫カフェ「ねこかつ」だった。13年、長女がカフェを訪れ、まずマチルダと一緒に保護された同種の雄、レオンの姿を目にとめた。同じく繁殖に使われていたレオンは、ほかの猫にも人間にも興味を示さず、夢遊病のようにひたすら歩き回っていた。

「この猫、どうしちゃったんだろう？と心配になったんです。その後に来歴を聞き、繁殖に使われる猫たちの存在を知りました。自分ができることは小さなことだけど『この子たちを救ってあげたい』と思いました」（長女）

レオン、続けてマチルダを引き取った。最初は警戒していた2匹も、いつの間にか、車で帰宅する音を聞きつけて玄関で迎えてくれるようになった。落ち着いた、飼い猫としての生活を満喫できるようになった。

レオンは14年、脳出血と見られる症状で急死。マチルダは、その後に五十嵐家の一員になった元野良猫2匹とともに暮らしている。五十嵐さんは言う。

「マチルダは本当に甘えん坊で、こてんと横になって、なでてほしがる。目が覚めると、いつも枕元にいる。でも助けられているのは自分たちのほうかもしれません。何があっても、この子がいてくれるだけで心がやすまります」

「大切な同居人たち」

２０１６年4月16日未明、熊本県菊池市内の自宅がグラリと揺れた。震度6強。熊本地震の本震だった。その瞬間、寝る準備をしていた藤田裕子さん（54）の視界に入ったのは、倒れてくる本棚とその方向に向かって走り出す雌猫・梅子（推定3歳）の姿だった。

すぐに停電し、あたりは暗闇になった。「梅子！　梅子！」。繰り返し名前を呼んでも姿を見せず、鳴き声も聞こえなかった。仕方なく、藤田さんは雄猫・トラ（推定2歳）とともに自宅の庭に避難した。

翌朝、屋内に戻ってみると、家具類はすべて倒れ、窓枠はゆがみ、風呂場の天井の一部が落ちていた。倒れた本棚の下に梅子が埋もれているかと思うと、片付ける気力はわかない。2日目の朝も、庭にとめた車のなかで迎えた。すると、開け放っていた車のバックドアから、朝露にぬれた梅子がそうっと入ってきた。

それから約1週間、余震が続くなか、1人と2匹は屋外での避難生活を続けた。藤田さんはこう振り返る。

「2匹とも犬みたいに私につきまとって、離れないんです。余震がなかなかおさまらず私も不安だったのですが、猫たちはそれ以上に不安だったのでしょう」

片付けなどで動き回る藤田さんを追いかけ、2匹はどこまでもついてきた。夜、車内で寝る時は、両腕とも猫の枕になった。「本当に心強かったです。2匹からぬくもりをもらい、励まされながら過ごした1週間でした。この子たちがいたから、公的援助のない自宅庭での避難生活を頑張れました」と話す。

藤田さんの避難生活を支えた2匹は、元は飼い主のいない猫だった。梅子は14年6月、熊本市動物愛護センターから譲り受けた。手のひらにのるような、小さな子猫だった。トラは15年12月、勤務先に捨てられていたのを保護した。「肉がほとんどついていなくて、スカスカに痩せていました」

最初は、2匹を自宅のネズミ捕り要員と考えていた。梅子はネズミを追わない猫に育ったが、トラは名ハンターだった。「ニャッ、ニャッ」と「子猫のような最高にかわいい声」（藤田さん）で鳴きながら、獲物をくわえてきた。家のまわりでネズミの姿を見かけることが減るとともに、いつしか1人と2匹は家族になった。

毎日、2匹は家のなかを走り回り、運動会を繰り広げる。来客があると、人なつこく出迎える。「一人暮らしなのににぎやかで、退屈しません。エサ代やワクチン代を稼がないといけないから、張り合いにもなる。大切な同居人たちです」

重たい「ヨロイ」を脱ぎ捨てて

埼玉県鳩山町の住宅街。鹿島美幸さん（45）の自宅を訪ねると、日当たりのいい窓辺で、雄のマンチカン・大福が体をゆったりと伸ばして眠っていた。

「大きな顔に、ふくふくとしたほっぺが特徴。とてもおとなしい、のんびりした子です」。鹿島さんはそう紹介し、大福を抱き寄せる。

鹿島さんのもとにやってくる前の2019年2月、大福は「毛玉のヨロイ」に覆われ、動くのもままならないような状態で、同県川越市内の保護猫カフェ「ねこかつ」にいた。もとは、同県内の60代の夫婦に飼われていたという。

ねこかつ代表の梅田達也さんに、その夫婦から電話があったのは前年11月。夫婦は自宅を立ち退かなければいけなくなり、「飼えなくなった。保健所に相談したら殺処分になると言われた」と嘆き、マンチカンやスコティッシュフォールドなど8匹もの猫がいると説明した。3、4年前に5匹をブリーダー（繁殖業者）から購入し、そのうち1組を交配させて子猫を産ませ、増やしたという。

梅田さんは当初、自分たちで新たな飼い主を探すよう促した。だが見つけられず、結局、梅田さんが引き取ることになった。その時には、長毛種はすべてが毛玉に覆われていた。ボランティアにトリミングをしてもらい、カフェで飼い主探しを始めたところ、すぐに手を挙げたのが、鹿島さんだった。

鹿島さんは、17年にもねこかつから保護猫を引き取っていて、娘や義母とともにねこかつの「常連」だ。既に2匹の保護猫を飼っていたため、「増やしたら、家族の誰かが病気になった時に世話が負担になる」と迷った。でも、毛玉をなくすために丸刈りにされ、「顔の大きさが際立っていた」姿にひかれ、決断したという。

「犬や猫と一緒に暮らしていると、人生の幅が広がる」

奈良市南部の住宅街に下川やす子さん（57）宅を訪ねると、真っ黒い大型犬がさかんにしっぽを振りながら駆け寄ってきた。

雄のラブラドルレトリバーで、名前はラブ（6）。「今の私にとって生きがいです」。下川さんはそう、ラブをやさしく見つめる。

ペットショップで、生後半年になっても売れ残り、ガリガリに痩せていたのを見捨ておけず、家に迎えた。誰からも愛されるように、ラブと名付けた。

夫が朝晩の散歩を担当し、エサは下川さんがあげる。シャンプーは2人がかり。てんかんの持病があるため、季節の変わり目などは要注意。夫婦に子どもはなく、「ラブは子どもに近い存在」という。

2018年8月、2人と1匹の暮らしに突然終わりがきた。夫が肺炎のため、59歳で亡くなったのだ。ラブが、下川さんの寂しさに寄り添ってくれた。

「動物っていいですね。人の暮らしにやさしさを運んでくれる」

下川さんはラブの前に犬4匹、猫2匹を育ててきた。どの子も思い出深い。

子どものころ、最初に飼った雑種犬のチロは、弟が拾ってきた。散歩中に事故で亡くし、ひどく後悔した。結婚後に夫とケンカした時、気持ちが落ち着くまでずっと一緒に歩いてくれたのはパル。ミニコミ誌で飼い主募集をしていたのを見て、引き取った犬だった。

実家で一緒に暮らしていた猫のポンタやチャチャは、普段は素っ気ないのに、ふとした瞬間、「本当はあなたのそばにいたいの」とでもいうように、すり寄って甘えてくるのがかわいかった。下川さんが布団に入ると、いつも足元で丸くなって寝ていた。

機会があれば、また猫も飼いたいと思う。

「猫は親友やきょうだいのような感じ。つかず離れず、でもいつも気になる存在。犬は子どもやパートナーかな。必ずそばにいて、常に気にかけてくれる」。下川さんは犬や猫との関係性を、そんなふうに表現する。

近所づきあいも、犬や猫がいると深まる。犬の散歩では顔見知りが増える。何げないペット自慢から、動物好き同士のネットワークが広がる。

もちろん、犬や猫との暮らしは、楽しいことばかりではない。どんな時でも散歩やトイレの面倒を見なければいけないし、動物病院の費用やエサ代もバカにならない。それでも、「人間だけでいるよりも、犬や猫と一緒に暮らしていると、人生の幅が広がる。だからずっと、付き合っていきたい」。

橋本さんと月子

大阪市住之江区に住む橋本都子さん（74）の朝は、推定11歳の雌猫・月子のふみふみから始まる。おなかの上にそっと乗ってきて、せっせと前脚を動かす。「この子のために、1日でも長く元気でいないと」。甘えてくる月子の姿に、そんな思いが募る。

社会に出てからずっと一人暮らしだった。結婚はせず、子どももいない。父母と兄はずいぶん前に亡くなり、姉一家をはじめ親戚は全員関東地方にいる。

そんな橋本さんのもとに2008年3月、月子はやってきた。橋本さんは、月子にとって4人目の飼い主だった。最初の飼い主には海外転勤のため捨てられ、2人目のところで先住猫にいじめられ、3人目の飼い主は猫アレルギーになってしまい、橋本さんのところにもらわれてきたのだ。転々としたためか、当初は物静かで鳴かない猫だったという。

それから10年あまり。70歳で音楽教室の講師を引退し、いまは月子中心に生活が回っている。月子に起こされ、月子のフードを買うために外出し、おやつをあげたりトイレの猫砂を片付けたりするために動き回る。ときどき名前を呼ぶ。月子は「ニャン」とこたえてくれる。「最近になってよくしゃべるようになったんです。世話をしないと困る相手がいるから、毎日張りがあります」と話す。

気がかりは自分の健康。「ようやく心を開いてくれたのに、5人目の飼い主のもとに行くことになったらかわいそう。もう二度と悲しい目にあわせたくない」。だから毎朝の体操を欠かさず、高血圧対策も心がけている。

それでも万が一に備え、高齢者によるペット飼育をテーマにしたセミナーなどにまめに足を運ぶ。月子のためにまとまった資金を残し、専門家に面倒を見てもらうための信託契約の検討も、始めたという。

「最後の飼い猫」

そのノートには、猫にまつわる情報がびっしりと書き込まれていた。大阪府泉大津市に住む堀池嘉久（よしひさ）さん（77）と貴久美（きくみ）さん（69）夫妻はページを繰り、猫の名前を1匹ずつ押さえながら語り合う。

「この子の飼い主さんが決まった時はほっとしたな」

「ああ、この子もかわいかった」

「みんな行っちゃった。どうしてるかなあ」

新たな飼い主が決まるまで保護猫を一時的に引き受ける「預かりボランティア」を、堀池さん夫妻は10年近く続けてきた。これまで預かり、新たな飼い主のもとへと送り出した54匹の猫たちの情報が、ノートには事細かに記してある。貴久美さんは言う。「みんな本当にかわいかった。でもどんなにかわいくても、自分ちの猫にはしません。それもこれも、自分たちの年齢を考えてのことです」

はじまりは2015年12月。個人で地域猫活動をしている近所の女性から、生後1

カ月ほどの雌猫を預かってほしいと頼まれた。前年、子猫で拾ってきて10年以上も飼った雄猫トミーを亡くしていた。猫のいない生活は寂しかったが、年齢を考えればもう飼えない。でも「預かるだけなら」(嘉久さん)。そう考え、引き受けた。するとと次第に、保護活動に携わる人たちの間で「堀池さんのところ、預かってくれるらしい」と口コミで広がった。それから、「次から次に小さな猫がうちにくるようになった」と貴久美さんは笑う。猫用に一つ部屋を空け、キャットタワーなどを置いた。多い時で6匹同時に預かっていたこともあるという。

苦労したのは、19年8月にやってきた雄猫ヤドカリ。譲渡先の家族がアレルギーを発症したり、子どもが生まれたりといった理由で、3度も「出戻り」をしてしまった。そこで「宿を借りるという名前が悪い」(嘉久さん)と考え、譲渡先に懐くよう「ナッツ」と改名した。23年4月、「4度目の正直で、安住の地が見つかった」(貴久美さん)。

いま預かっているのは雄猫ステラと雌猫ニクス。昨年8月、生後3カ月程度でやってきたきょうだいだ。「寝ている時に枕元をスタスタ歩いていたりすると、なぜかほっとする。動物がいるのはいいことや」と嘉久さんが言えば、「いるだけでくつろぐ。この子らがいるから夫婦の会話もある」と貴久美さんが続ける。

実は22年9月、預かりボラではない「最後の飼い猫」を迎えた。いま推定8歳の元保護猫で、雄のてん。元の飼い主の女性は入退院を繰り返しながら2年余り闘病し、亡くなっていた。

ＮＰＯ法人「ペットライフネット」が用意する「わんにゃお信託」の契約を女性が結んでいて、命がつながった。ペットの面倒を最期まで見られるだけの資金を用意し、いざという時はその費用を元手に、責任を持ってＮＰＯに終生飼育してもらう仕組みを活用したのだった。

堀池さん夫妻は「里親」として、ＮＰＯからてんを託された。嘉久さんは言う。「もう飼わんと思ってたんですけど。互いの寿命を考え、この子なら大丈夫そうだと迎えました。元の飼い主さんの思い、てんちゃんを引き取ったＮＰＯの思いに応えたい」

文庫版あとがき

猫を3匹飼っています。

メレンゲ、うめこ、ももすけ。3匹はみんな「保護猫」でした。

メレンゲは、ノルウェージャンフォレストキャットの血を濃厚に感じさせる外見で、でもなぜか子猫の時に1匹で外を歩いていて、ある自治体の動物愛護センターに収容されてしまいました。人にも猫にも限りなく優しい、気遣いの男。ジェントルジャイアントです。今年の秋で推定10歳になります。

うめこは、高齢者が飼う猫が産んだ子で、「飼いきれなくなった」ときょうだいまとめて飼育放棄されました。猫風邪を放っておかれた影響で、目がほとんど見えていないようです。最近は鼻もあまり利きません。でも我が家で一番、元気はつらつ。今年の秋で推定9歳です。

ももすけは保護された野良猫が産んだ子です。だから唯一、誕生日がわかっています。現在2歳。たいへんな甘えん坊で、ソファやベッドに座っていると、すかさず膝の上に乗ってきます。メレンゲとは毎晩のように運動会を繰り広げる一方、うめこからはひどく嫌われています。猫の相性は謎ですね。

いまに至る、動物に関する取材を始めたのは２００８年夏のことです。当時はまだ10万匹前後もあった犬の殺処分数の裏にひそむ、繁殖業者やペットショップによる売れ残りや繁殖引退犬の遺棄問題を追ったのが、その最初でした。

そもそもどうして一連の取材を始めたのか——。問われると、両親がともに獣医師資格を持っていて、犬はもちろんウズラ、ハムスター、モルモットなど常に何らかの動物が家にいる環境で育ったことを、理由にあげてきました。でもよく考えたら、もう一つ大きな理由がありました。取材を始めた当時飼っていた、柴犬さつきの存在です。さつきがそばにいたから、犬たちを巡る問題にのめり込んだ。さつきとの日々がなければ、この道を進んでいなかったと思います。

それから足かけ17年。取材を始めたころに比べれば、繁殖業者やペットショップにまつわる問題は世の中で知られるようになりました。ただそれでも、多くの人がまだ「かわいさの裏側」について、無関心であり続けています。犬につづいて猫も、ペットビジネスの犠牲になりつつあります。

2019年に行われた動物愛護法改正は、ペットビジネスにかかわる犬猫の動物福祉(アニマルウェルフェア)を向上させるという意味では、大きな前進でした。8週齢規制と飼養管理基準省令の制定が実現したことは、日本の動物福祉史のようなものを考える時、一つの画期だったと言えます。

この改正法に書かれた条文と趣旨を業者、行政、そして私たち一般の飼い主がしっかりと理解し、適切に運用していけるかどうか、まだあいている「穴」を埋められるかどうか、まさにいま試されています。

なおこの文庫本の元となる単行本『「奴隷」になった犬、そして猫』にあった第4章「環境省は『抵抗勢力』なのか、19年改正を巡る『攻防』始まる」と第5章「8週齢規制ついに実現、犠牲になった『天然記念物』」は、編集上の都合でかなりを割愛せざるを得ませんでした。この単行本は引き続き電子版で読めるので、19年改正の経緯に関心が高い方は、ぜひそちらにもあたっていただけたら幸いです。

動物福祉を向上させようという世界的な潮流は、今後ますます強まっていくでしょう。当然ながらその対象はペットに限りません。日本に暮らす、私たち人間がかかわる多くの動物たちの福祉に十分に配慮した環境を整えられるかどうか、これから中長期的に問われることになります。解剖学者の養老孟司さんに取材した際の言葉を、改めて紹介しておきます。「日本でも、動物たちの自由や福祉を考えられるようになってきたことは、人間として余裕が出てきたということだと思います。動物は自然であり、そして人間も本来自然な存在で、ペットを通じて自然と地続きだという感覚を取り戻せる。そこから、人間本来のあり方を考えることにもつながっていきます。これは、なかなかいいことです」

お忙しいなか時間を割いて取材に協力いただいた皆様には、感謝の念に堪えません。そして取材や記事執筆にあたり、いつもたくさんの助言と励ましをくださる皆様、本当にありがとうございます。文庫化にあたっては、朝日新聞出版の木造ほのかさんにたいへんお世話になりました。この場を借りて、皆様にお礼申し上げます。

3年前の春、さつきは天国へと旅立ちました。本書を愛犬さつきに捧げます。

２０２４年８月

太田匡彦

解説

坂上　忍

わたしが太田さんと出会ったのは、いつだったか。

朝日新聞に変わった男がいるとの触れ込みで、動物保護をテーマにインタビューを受けたのがはじまりだったような気がする。

お会いしての第一印象はというと、クソ真面目（まじめ）というか堅物というか、融通が利かなそうな、笑顔を作ることすら苦手なタイプなのかなと。

ただ、わたしはそういった不器用系の方が大好物でして。わたしももれなく器用とは言い難いタイプ故、逆に親近感を覚えたのです。

なにより動物保護に関する知識と熱量の高さには、正直驚かされました。

ほんとうによく勉強されていて、なんならわたしが太田さんをインタビューしたかったぐらい。

そして親近感だけで終わらず、信頼するまでに至った理由は、彼がしっかりと怒っていたからなんです。

先進国でここまで安易に動物が売り買いされている国はありません。

盛り場のど真ん中にペットショップが当り前のように存在する現実。

酔っ払った勢いでホステスのお姉ちゃんに仔犬をプレゼントするってなに？

血統書付きの仔犬が数万円の激安価格で販売されるってどういうこと？　どんなブリーダーと契約しているんですか？

まぁね、日本は誰でもブリーダーになれちゃいますから、そりゃあモラルもへったくれもないブリーダーまがいが横行するでしょ。

近親交配で乱繁殖をさせたら障害や疾患を抱えた子が生まれる確率が高くなるなんてわかりきったことなんですが、そんなことあの人達には関係ないもんね。

いつになったらブリーダーをライセンス制にするんですか？　それで全てが解決するわけではありませんが、そもそも日本の動物愛護法ってなんでこんなに進みが遅いんですかね。国会議員の先生方の多くがご自身のマニフェストに動物愛護、動物保護って書き込んでおりますが、とりあえず動物好きの人達の票も、あわよくばもらえたらラッキー程度にしか考えていないんでしょうね。

まぁ、あの人達は国家・国民の繁栄や幸福よりも自身が当選し続けることしか考えていない人種の集まりですから、動物なんて二の次、三の次なんでしょう。ぶっちゃけ眼中に入っていないのだとおもいます。

あれ……これではわたしの怒りになってしまいますね。すみませんでした。

要するに動物愛護・保護の現状に太田さんはわたし同様、いや、わたし以上に怒りを覚えていると感じたのです。

昨今では、なかなかどうして人前で怒ることは憚(はばか)られるご時世になってしまいました。

ですが、わたしは怒りの感情はとても大切だとおもっておりまして、何故(なぜ)ならば行動・実行に移す原動力になるからです。

わたしの勝手な想像ではありますが、太田さんはそういった怒りを徹底した現場取材に費やしておられるのではないかなと。じゃなければこのような本は書けないとおもいます。

ちなみにわたしが本書の解説のオファーを引き受けさせて頂いたのは、もちろん太田さんとのお付き合いもあるのですが、「知らない罪」「知ろうとしない罪」というものがあるのでは?と、常々自身に言い聞かせているからなんです。

動物を見たら可愛(かわい)いと仰(おっしゃ)る方はたくさんいます。可愛くないと言う人の方が少ないでしょう。それが仔犬や仔猫となれば尚更です。

保護犬や保護猫の存在を知ると、みなさん口を揃えて可哀相と仰います。

更に未だに殺処分が行われている現状を説明すると驚かれるわけです。

「そんなこと未だにやってるの？」と。

ただ、多くはそこで止まってしまうんですよね。それ以上知ろうとする方は極めて少ない。

そして気がつけば、息子さんや娘さんにペットショップでワンコやニャンコを買い与えていたりする。

有り得ないほどの低額で販売されている動物を、どこかで疑問を持ちながらも、こどもが喜ぶ顔を見たさに授けたりする。

いやいや、それをいつまでもやっちゃっているから殺処分がなくならないんです。

そんなことをやってしまっているから、諸外国から白い目で見られているんです。

ペットショップ（生体販売）がもたらす弊害を周知し切れていないわたし達の力不足もありますが、少しでも「知ろう」「知るべき」という気持ちを多くの方々が持ってくださっていたら、こんなことになっていなかったのではないか。

大袈裟に聞こえるかもしれませんが、ここまで恥ずかしい国に成り下がってはいなかったのではないかとおもってしまうのです。

わたしからのお願いです。

『猫を救うのは誰か』をお読みになった方の周りに動物好きを自称されるご友人がいらっしゃいましたら、犬好き猫好き問わず、是非本書を薦めてください。

太田さんが執筆されたこの本には、今の日本における動物愛護・保護の現状が全て記されています。教科書レベルと言っても過言ではないかと。

お子さんが「ワンちゃんを飼いたい！」と懇願してきたら、「まずはこの本を読んでみな。それから考えても遅くはないから」と。

我が家のワンちゃん&猫ちゃんは全て、名前と名字が付いています。

佐藤ツトム、高橋ヨースケ、円山ダイチ、森田パグゾウ、山本ちくわ、竹原がんも……。

坂上というファミリー・ネームで括ってもいないんです。

彼等、彼女等は、わたしの所有物ではないからです。

彼等、彼女等はモノではなく、わたし達と同じ「生き物」だからなんです。

（さかがみ しのぶ／俳優・タレント）

猫を救うのは誰か
ペットビジネスの「奴隷」たち
朝日文庫

2024年9月30日　第1刷発行

著　者　太田匡彦

発行者　宇都宮健太朗
発行所　朝日新聞出版
〒104-8011　東京都中央区築地5-3-2
電話　03-5541-8832(編集)
03-5540-7793(販売)

印刷製本　大日本印刷株式会社

定価はカバーに表示してあります

ISBN978-4-02-262101-6

落丁・乱丁の場合は弊社業務部(電話 03-5540-7800)へご連絡ください。

送料弊社負担にてお取り替えいたします。